PUMA
adidas
SPORTS FOOTWEAR

Winit
LINKSMAN
SCRUM
Gola
Speedmoor
LAWRENCE
KING
FASHION OVER - THE SHOE
Keep feet dry and fashion-right

"本书作者托马斯·特纳（Thomas Turner）完美地记录了运动鞋100多年来对体育和文化的影响，这是人们写给运动鞋的最详细的情书。"

——杰森·科尔斯（Jason Coles），《黄金一脚：改变运动的鞋子》（*Golden Kicks:The Shoes That Changed Sport*）的作者

"我们都穿运动鞋。运动鞋是怎么变得如此无处不在的？本书讲述了它的崛起和转变的故事——这是对物质和流行文化研究的原创性贡献。"

——弗兰克·特伦特曼（Frank Trentmann），《商品帝国：一部消费主义全球史》（*Empire of Things: How We Became a World of Consumers* ）与《自由贸易国家：现代英国的消费、公民社会和商业》（ *Free Trade Nation: Consumption, Civil Society and Commerce in Modern Britain*）的作者，英国伦敦大学的伯克贝克学院（Birkbeck, University of London, UK）

"最后，以图文并茂的方式深入探究了运动鞋的历史，从不起眼的草地网球鞋到今天的全球化商品。通过教练，特纳描绘了时尚、体育和休闲之间长达150年的关系。如果你想知道关于运动鞋的任何事情，你必须阅读本书。直接去读就行了！"

——乔吉奥·列略（Giorgio Riello），《棉的全球史》（*Cotton: The Fabric That Made the Modern World* ）与《踏足过去：18世纪的消费者、生产者和鞋类商品》（*A Foot in the Past:Consumers, Producers and Footwear in the Long Eighteenth Century*）的作者，英国华威大学（University of Warwick，UK）

"在《运动鞋——从赛场到时尚的演变史》中，托马斯·特纳选择了一件日常物品，挖掘了其意想不到的丰富意义。寻常（有时也不寻常）的运动鞋及其从体育领域到主流市场的旅程是一个跨越全球的多面故事，反映了科技、体育、时尚、音乐和消费者欲望的历史。对于任何穿过系带运动鞋的人来说，这是一本非常值得一读的图书。本书精心研究，插图丰富，写作流畅，揭示了一段丰富而令人惊讶的现代史。"

——玛丽贝丝·汉密尔顿（Marybeth Hamilton），《寻找蓝调》（*In Search of the Blues*）的作者

"托马斯·特纳编写了一部关于运动鞋的历史、文化和影响力的著作。一件运动装备如何超越其最初用途而成为日常生活必需品，对此感兴趣的人而言，这是一本很好的读物。"

——塞缪尔·斯马利奇（Samuel Smallidge），匡威（Converse）档案管理员

"这是一本研究充分、有趣、充满激情、插图精美的书籍，探索了运动鞋从体育领域进入日常主流生活的复杂旅程。通过将运动鞋置于更为广泛的社会环境，我们才可以真正欣赏其文化意义。"

——丽贝卡·肖克罗斯（Rebeca Shawcross），《看图说鞋史》（*Shoes: An Illustrated History*）的作者，英国北安普敦博物馆和美术馆（Northampton Museum and Art Gallery，UK），高级鞋馆长

“托马斯·特纳的这部巨著有助于我们深入了解运动鞋的历史。著作研究充分、范围广泛、视角新颖，让我们了解当今最重要的鞋类形式之一。”

——伊丽莎白·塞梅哈克（Elizabeth Semmelhack），《球鞋：潮流文化史》（*Out of the Box: The Rise of Sneaker Culture*）与《鞋：风格的意义》（*Shoes:The Meaning of Style*）的作者，加拿大贝塔鞋类博物馆（Bata Shoe Museum，Canada）高级策展人

“这个引人入胜的故事讲述了运动鞋如何从功能性走向时尚性，揭示了人们对运动、休闲、性别角色态度的变化，尤其是我们这么多人对最新的鞋类的渴望。它将吸引广大的读者。”

——加里·克罗斯（Gary Cross），《消费怀旧：快速资本主义时代的记忆》（*Consumed Nostalgia: Memory in the Age of Fast Capitalism*）与《消费至上的百年：消费主义统治下的当代美国》（*An All Consuming Century: Why Commercialism Won in Modern America*）的作者，美国宾夕法尼亚州立大学（Penn State University，USA）

“本书带你踏上运动鞋的奇妙旅程，描绘了从19世纪末网球的精英主义到21世纪网球运动的模糊界限，展示了体育运动的发展趋势。在形式、功能和设计创新之间，它提供了对本质关系的正确洞察，以应对不断变化的背景社会、文化和技术。除了运动鞋迷，无论是对时尚、产品设计、历史感兴趣的人，还是在日常生活中穿着运动鞋并感到解放自在的人，这都是一本很棒的读物。”

——克劳丁·卢梭（Claudine Rousseau），拉帕（Rapha）骑行服工作室负责人

“运动鞋崛起，作为21世纪重要的标志性时尚单品，运动鞋占据中心地位。书中娓娓道来，感情热烈，剖析深入。无论你是时尚专业的学生、体育爱好者，还是‘运动鞋迷’，请享受这本佳作吧。”

——克里斯·希尔（Chris Hill），英国北安普敦大学（Northampton University，UK）

“凭借其渊博的学识和广泛的研究，托马斯撰写出一部关于运动鞋历史的权威著作。本书适合研究服饰、经济、技术的历史学家，以及运动爱好者和运动鞋爱好者阅读。”

——安伯·布查特（Amber Butchart），时尚历史学家和作家，BBC纪录片《历史的针脚》（*A Stitch in Time*）的主持人

“对于那些质疑运动鞋对当代时尚重要性的人来说，托马斯·特纳的这部研究全面的著作是必不可少的读物。该书不仅溯源了当代训练鞋的历史，同时详细研究了运动鞋的狂热消费者。本书不仅结构严谨、知识丰富，而且有趣易懂。”

——珍妮丝·米勒（Janice Miller），《时尚与音乐》（*Fashion and Music*）的作者，英国伦敦金斯顿大学（Kingston University London，UK）

国际时尚设计丛书·服饰配件

运动鞋

——从赛场到时尚的演变史

［英］托马斯·特纳 著
王耀华 周晓童 译

中国纺织出版社有限公司

目录

扫二维码，可见本书注释、插图目次、参考书目与索引

前言

曾记得，我的第一双实际意义上的运动鞋，是我的父母在1986年买给我的，那年我7岁。它是白色的，侧面有三条蓝色的条纹，有塑料D型花边，还印有一个阿迪达斯（adidas）标志的蓝色标签。我认为那是我走向成熟的标志，尽管那时我只有7岁，但它使我进入一个更成熟的世界，因为它是我衣橱里最好的单品，我很自豪地穿着它。我并不是唯一一个有这种信仰的人。在我的男同学中，鞋子和衣服上都印有著名品牌的标签，阿迪达斯、彪马（Puma）、锐步（Reebok）或耐克（Nike）的声望几乎是任何其他品牌所无法比拟的。当然，在我们说服父母之前，相对便宜的品牌是许多人的选择。我们对周围的鞋子进行了详尽的评估，虽然没有真正理解人们为之狂热的原因，但我们天然的认为运动鞋是更好的选择。继第一双阿迪达斯之后，我拥有的是一双耐克跑鞋，它红白相间，是尼龙和绒面革的材质，还有厚实的泡沫鞋底。再之后就是两双锐步：一双是灰黑绿相间的跑鞋，名字叫乐比特（Rapide）；另一双是白色网球鞋，红色和海军蓝色镶边，穿上这两双鞋会让你拥有如同顶级运动员那样的自信。在接下来的几年里，其他的鞋子和品牌不断涌现，我甚至可以根据我个人买鞋的时间表来追溯我童年的主要事件。

很难确定为什么这双鞋具有如此强烈的吸引力，也很难说清楚为什么这样的运动品牌比其他品牌更受欢迎。在我的记忆中，它是集时尚、风格、美学、体育和其他名人的影响，以及成本和地位于一身的复杂混合体，并在某些时刻脱颖而出。20世纪80年代末的某一天，我来到一家运动商店，站在一双耐克Air Max气垫跑鞋面前，惊讶地发现运动鞋底有了气垫。上中学时，尽管我们从未踏上篮球场，对迈克尔·乔丹（Michael Jordan）或他的签名鞋知之甚少，但我和朋友们对一个新同学穿的耐克Air Jordan同样惊叹。正是该型号的透明橡胶素材的鞋底、充满未来感的气垫和高价格让我们感到震惊。这预示着即将发生的事情。在20世纪90年代初，我们见证了耐克的崛起，以一系列的创新将运动鞋设计引向了迷人的新方向。我和我的许多朋友一样，对充满花哨技术的昂贵鞋子有着强烈的渴望，这些技术不仅仅来自耐克，有时这些鞋似乎就是来自一个学生的创作。周末，我们会在当地的体育用品商店闲逛，对陈列的样鞋品头论

图0.1 童鞋，阿迪达斯产品型录（英国），1986年

足，但很少去购买。10年来，当其他人还在寻求科技的魔法时，我更喜欢老式、简单的款式，和我的音乐偶像一样穿匡威（Converse）、彪马和阿迪达斯。在20世纪90年代末，随着滑板风格成为主流时尚，我的收藏变成了滑板鞋、复刻鞋和具有先进技术的运动鞋的集合。尽管流行的款式不断变化，但在我的童年和青春期，运动鞋仍是我服装中最重要的组成部分。

这种对运动鞋的热情一直到我成年，并延续至今。当我第一次拿着还不错的薪水去购买大品牌的过季产品时，我终于买到了我上学时想要的Air Max 和Air Jordan。与此同时，互联网的普及和在线销售平台的发展为人们寻找以往的二手鞋提供了机会。于是我收集到一小部分已经被大众遗忘的款式，但最终这些款式都卖给了其他收藏家和爱好者。从第一款阿迪达斯发布到现在已经30多年了，虽然我对运动鞋的热情被成年之后杂乱的生活所冲淡，不再像以前那么强烈，但它仍然存在。一双合适的运动鞋仍然有能力唤起我青春的记忆。

今天的运动鞋有着庞大的市场。2015年，运动鞋在英国的零售额估计为28亿美元，在西德、法国、意大利和西班牙的零售额合计为94亿美元，美国的零售额为363亿美元。[1]近年来，各大品牌、零售商、媒体和社交平台共同创造了

一种新的、复杂的运动鞋文化。运动鞋现在连接着体育、时尚、名人和日常生活，几乎没有其他产品能与之媲美。它们经常出现在时尚媒体上，销售方式和其他形式的服装一样容易受到流行趋势的影响。事实上有数据显示，在售出的运动鞋中只有大约四分之一是用于运动。[2]最初很多鞋款是针对专业市场的专业产品，但现在每个人都喜欢穿。

然而，我们很少有人会思考这些鞋是从何而来，或者它们是如何变得如此受欢迎的，运动鞋如何从运动领域进入日常生活的。而这本书的目的就是尝试去解释这一点。例如为体育活动设计的鞋子是如何产生的，以及它们是如何被用于其他用途的。本书解释了过去的运动鞋是如何被制造、销售和穿着的，并研究了人们理解和认识运动鞋的方式是如何产生、发展和遗忘的。[3]本书着眼于运动鞋是如何融入社会的，包括体育运动以及生产者、销售者和消费者之间存在的关系。[4]探索新的思考方式是如何影响运动鞋设计和制造的过程，本书强调了运动鞋一直是开放的，是可以重新诠释和重构的，[5]人们的思考和使用运动鞋的方式往往不是制造商和销售商所期望的那样。而对于20世纪80年代的英国男士来说，他们不是第一个，也不是最后一个在狭义的运动范围之外穿着这些鞋的人。

本书试图展示运动鞋是如何成为更广泛的历史叙述的一部分。运动鞋通常被分析为某种风格或象征性的物体，但这只是解释它们众多方式中的其中两种。[6]本书认为运动鞋是制造业和全球贸易的商品，是技术创新的案例。为了充分阐述体育运动的兴起、鞋类行业的工业化、新材料的发现、全球贸易的变化以及新的消费文化形式的增长，本书从不同的角度和不同的背景审视了运动鞋，展示了社会、文化和工业现象是如何联系起来的，鞋子的物理现实意义以及人们对它们的看法是如何受到更大历史力量影响的。[7]只有考虑到运动鞋是如何更广泛地融入科技、时尚、商业、政治和持有相同态度的网络中，我们才能真正理解它们的文化意义。

虽然很多人对他们的旧运动鞋有怀旧之情，但重建运动鞋的历史是一项艰巨的任务。因为以前的鞋子很少能保存下来，现在那些幸存的鞋子被世界各地

图0.2 作者穿着耐克跑鞋，1987年

的收藏家所收藏。而在博物馆中几乎没有任何收藏，因为大品牌较为私密地保管着他们的珍藏。传统的营销文件或销售数据同样很难获得。它们散落在世界各个生产地，品牌在所有者之间传递，随着制造商和零售商的消失，最初存在的少量记录也就消失了。耐克的创始人菲尔·奈特（Phil Knight）1985年曾说“这个行业的消费者很好，但统计数据很差，以至于每个人都有自己的认知，但没有人确切地知道到底发生了什么”，对历史学家来说这个行业固有的问题更加复杂。[8]因此，本书广泛地搜集了原始资料，借鉴了各种纪录片和实物证据，并在照片、图纸、目录和广告的描述中留下了运动鞋的痕迹。媒体、企业资料、流行趋势和小众新闻，以及来自电影、电视和音乐的素材被聚集在一起，形成了对运动鞋的流行态度。

当然，人们因为不同项目而穿着不同的鞋的历史几乎与人们参加过运动和游戏的历史一样长。宫廷记录显示，英国国王查理二世在1679年挥霍无度地购买了多双“网球鞋和靴子”。[9]运动鞋从来都不是一个静物或单一的实体。它是根据流行的趋势、可用的材料、不断变化的使用方式和生产机器而不断进化的，一直以来有多种风格可供选择。但是，本书关注的重点是自19世纪中期，由我们所知道的现代制造技术和体育运动出现后生产的鞋，也关注那些在运动场外穿着的鞋子。这意味着本书研究讨论的平底鞋，主要是为球场运动、跑步和一般训练而生产的鞋，而不是那些有镶钉、鞋钉和特殊形状的鞋子以及用于其他项目的鞋。

因此这是一段很个人的历史，部分来自我的个人经历。在写作时，我不可避免地有选择性地进行阐述。本书不是对最近的描述，不是对互联网上大肆宣传的运动鞋文化的描述，也不是对巨大的、以时尚为导向的大众市场的描述。相反，本书追溯了这类鞋的悠久历史以及我们对它的热情。当前市场开始腾飞之时，就是这段历史的终点。最终，它试图展示当下的情况是如何产生的。在过去的一个半世纪里，无数人设计、制作、出售、购买、穿着和收藏运动鞋，其中大多数人都被历史淹没了。本书不可能把它们都包括进去。我所关注的人物、鞋子和故事都是那些能够影响运动鞋的现实意义和更有想象力的理解。我希望这是一个更广泛的趋势，并阐明了市场的发展是一个整体的协作。正是这些力量——人类的力量和其他力量，将原本为实用目的而设计的相对平凡的服装，转变为我们今天所知道的具有象征意义和文化复杂性、非常令人向往的物品。

图0.3　Air Max，耐克广告，1990年

Nike Air Max

第 1 章

草地网球和现代运动鞋的起源

图1.1 男士草地网球鞋，威廉·希克森父子公司，1890年

1889年春天，伦敦体育周刊《体育轶事》（*Pastime*）的一名记者参观了北安普敦郡一家鞋类制造商威廉·希克森父子公司（William Hickson and Sons）的“大仓库”。在那里，他看到了“为即将到来的赛季准备的各种各样的草地网球鞋”。这并不罕见。第二年，在曼菲尔德父子公司（Manfield and Sons），这名记者几乎被该公司展示厅里的各种草地网球鞋的型录淹没。他写到“每一种橡胶鞋底都与帆布、鹿皮、小牛皮和俄罗斯皮革相结合，数不胜数，价格从三先令到三十先令不等。”制造商之间的竞争非常激烈。正如《体育轶事》杂志在1888年所指出的，“由于越来越多的制造商不断进入这个领域，制造商接待参观展示厅和工厂的任务一年比一年艰难。”[1]相互竞争的公司为争夺消费者的业务而战，将运动鞋制造推向新的高度。

现代运动鞋诞生于19世纪的最后几十年。英国社会、工业和商业的变化激发了人们对各种游戏和体育活动的广泛热情。体育运动创造了身体和社会的需要，并得到了新兴的工业化制鞋业的回应。为了迎合男女运动员的需求，鞋匠们借鉴了如何在运动中使用鞋子的想法，并利用了现代制造技术和商业流程。这些为运动而设计的鞋采用了新的材料和生产技术，生产商可以进行试验和创

图1.2 曼菲尔德父子公司的广告，1890年

新。消费者可以在百货商店、体育用品店和鞋店购买到它们，销售商对其大力推销，并将其展示在橱窗最为显著的位置，同时也在流行的、体育的和商业的报刊上做广告。这种广泛的可获得性使得它们被纳入了消费者的衣橱。无论是从日常穿着的方面来说，还是更深入地探讨与运动相关和为运动引入的创新很快便被用于其他类型的鞋。运动鞋和服装让人联想到非正式的、年轻的活力，尤其是现代的男子气概，与维多利亚时代的冷静形象形成了鲜明对比。到20世纪末，运动鞋与青年风格密切相关，但也开始渗透到主流流行时尚中。

* * *

草地网球是19世纪下半叶出现的各种运动之一。在英国和美国，这一时期的标志是新的体育娱乐形式的增长。传统的民间运动项目，如足球和板球，已经发展为现代形式，而企业制造商则创造了大量的发明，试图吸引那些有钱有闲的人们的关注。[2]草地网球发展于19世纪60年代后期，是一种非正式的户外运动，是对旧式球拍和球类运动（最明显的是皇家网球）的一种改编。[3]它的发明通常被归功于沃尔特·克洛普顿·温菲尔德少校（Walter Clopton Wingfield），

图1.3　乔治·诺里斯(George Norris)的广告，1888年

一位人脉甚广的退休军官，他在1874年推出了第一个商业上成功的版本。温菲尔德的代理商在伦敦皮姆利科的法国体育用品供应商处出售与网球相关的产品：盒装球拍、橡胶材质的球、球场标志、球网、支撑柱和一本说明书。它们的价格在五到十几尼（英国旧时货币名称），这个价格只有当时社会上最富有的人才能买到。然而，由于谨慎的推广，而且他不愿挑战自己的竞争对手，温菲尔德成功地创造了属于中上层阶级的时尚。《伦敦画报》（*The Illustrated London News*）在1880年夏天写到，“这种流行而时髦的游戏，很容易在小型家庭聚会中组织起来，在一块很大的露天草地中进行的社交，参加游戏的人数从二人到八人不等，如果愿意，女士们和先生们可以一起玩，这样看起来很可能会赢得公众的青睐。”他们的预测是正确的，1883年《草地网球》杂志（*Lawn-Tennis*）的作者指出，草地网球是“上流社会的人”的游戏和属于“成千上万拥有充足花园空间的良好家庭，他们的乡村别墅或郊区别墅周围有足够的空间，买得起‘球场’的奢侈。”在这项运动推出后的几年内，它便在中产阶级社会中站稳了脚跟。[4]

维多利亚晚期的草地网球所包含的内容比温菲尔德等人定义的要多。它将物理运动与商品、环境以及社会展示和互动系统相结合。这项运动的规则、场地和工具，以及与之相关的社会含义、行为习惯和思维方式，构成了草地网球作为一种社会实践活动的存在。在它的发展阶段，身体和竞技比社交更重要。对于大多数维多利亚时代的运动员来说，这是一款有趣的户外派对游戏，让人想起慵懒的下午和舒适的中产阶级休闲时光。在新的中上层阶级郊区，放松的草地网球派对是夏季的关键组成部分。正如一位乐手在1881年所言，最好的演奏是在“一块精心打理的草坪上，头顶上有明亮温暖的阳光，微风徐徐穿过树林，拨动花瓣，让这一天不那么炎热。”后来的英国首相亚瑟·贝尔福（Arthur Balfour）是一位草地网球运动早期的狂热爱好者。回首往事，他写道，这“并不容易……夸大草地网球派对的重要性”，他认为草地网球派对“深刻地影响了那个时期的社会生活”。然而，这种非正式性掩盖了一个具有象征意义的事件。参加这种新的活动需要一系列昂贵的工具、足够的空间、精心维护的球场，通常还需要专属俱乐部的会员资格。参与是对可观资源的展示——美国社会学家托斯丹·凡勃伦（Thorstein Veblen）在1899年称为“炫耀性消费”和“炫耀性休闲”的例子。社会交往以及对财富和地位的规范展示是维多利亚时代娱乐体育活动中不可或缺的元素。[5]

图1.4 草地网球派对，1900年

图1.5 （对页图）简·范·比尔斯（Jan Van Beers），《一场爱的比赛》（*A Love Match*），1890年

图1.6 （右图）《草地网球》杂志，1886年

LAWN-TENNIS.

THE ONLY PAPER DEVOTED SOLELY TO LAWN-TENNIS.

LAWN TENNIS.

EDITED BY JULIAN MARSHALL.

Vol. I., No. 19. WEDNESDAY, SEPTEMBER 15, 1886. Price One Penny.

在严格的性别隔离时代，草地网球也具有重要的意义，因为它使中产阶级的男女能够相互比赛。《体育公报》（*The Sporting Gazette*）对此表示认同，因为它为“女士们和先生们为数不多可以参加的娱乐活动中又增加了一项”。该杂志认为它非常适合“普通休闲的男女，让他们在享受新鲜空气的同时，还能愉快地调情”。通过将两性结合在一起，草地网球形成了一种不同于足球和板球等运动的社会文化。它引入了一种新的求爱形式，浪漫是维多利亚时代晚期运动的一个公认特征，也经常被讽刺。《图片报》（*The Graphic*）称，女性参与运动项目是为了“寻找机会展示她们的社交魅力，摆出优雅的姿态，在游戏间歇与她们的伴侣调情”。《布里斯托水星报》（*The Bristol Mercury*）和《每日邮报》（*Daily Post*）表示，“从漂亮的嘴唇中听到爱的机会”是它对男性的吸引力之一。就连体育杂志《草地网球》的报头也刊登了两对刚刚结束混合双打比赛的年轻情侣腼腆地互相凝视的画面。这种形式的运动是最常见的，尽管体育媒体关注的是竞技的男子比赛，但游园会经常围绕混合双打这一制度展开。[6]

* * *

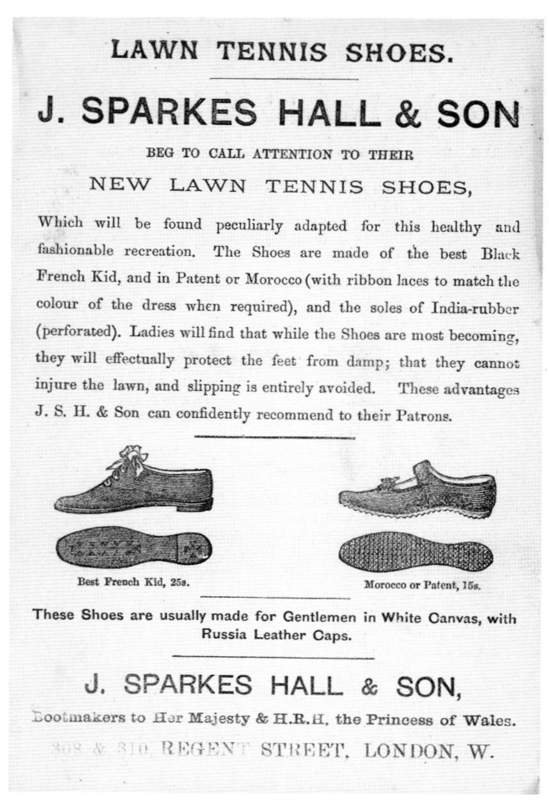

SLAZENGER & SONS,
56, CANNON STREET, LONDON, E.C.,
Manufacturers of every Requisite for Lawn-Tennis.
SPECIALITIES FOR 1888.
THE DEMON RACKET
With Improved Head.
Price 15s. & 21s.
Extract from "The Field."
"In the combination of power with lightness, we have seen none equal to the 'DEMON' Racket, made by SLAZENGER & SONS, London."
THE DEMON
SLAZENGER & SONS
THE
"PASTIME" LAWN-TENNIS SHOE.
The special features of this shoe are that the parts on the sole under the outside and inside joints are made of a better quality and a little thicker than the remainder of the sole. The advantage of this is that the sole wears perfectly level, and is much more durable. It is composed of red rubber, and is firmly cemented as well as stitched. The shoe is made on the most approved anatomical shape.

草地网球的出现创造了人们对合适鞋子的需求。比赛通常在大而平坦的草地上进行。这些草坪安装成本昂贵，为了使球持续弹跳，必须用昂贵的机器定期对草坪进行修剪和整理。为了良好地发挥和避免尴尬，参与者必须相对迅速地奔跑、转弯和停止，才不会摔倒或滑倒。草地网球鞋必须能让球员有效地移动，同时也要保持球场的完整性。因此，适用于草地网球的鞋的鞋帮是由轻质、灵活的材料制成的，通常是柔软的皮革或帆布，但在板球和足球等其他草地运动中，带钉或镶钉的鞋底并不合适，因为它们会损坏草坪表面。而那些柔软皮革的平底鞋，虽然不会伤害草坪，但其很滑，容易被湿气浸湿。于是鞋匠们开始寻找硫化橡胶（也被称为印度橡胶和红色橡胶），这种材料后来很晚才被批量使用在鞋底上。它耐用、可塑形、可加热、可防水，非常适合运动员的需要。它可以制成没有跟的平底鞋，抓地力很好，不会损害球场。制造商尝试了不同的底纹，包括酒窝形、金字塔形、山脊形和切口形，以及不同厚度的鞋底，以寻求灵活性、抓地力和保护力三者最完美的平衡点。[7]

图1.7 （左上图）J. 斯帕克斯-霍尔父子公司（J. Sparkes-Hall and Son）的广告，1882年

图1.8 （右上图）休闲草地网球鞋，史莱辛格父子公司（Slazenger and Sons）的广告，1888年

橡胶鞋底的草地网球鞋几乎立即被认为是必不可少的单品。温菲尔德的球鞋中还附有一份法国公司的广告，上面写着“印度橡胶鞋底的网球鞋，不会割

图1.9　伦肖（Renshaw）草地网球鞋，威廉·希克森父子公司的广告，1885年

SHOW ROOMS, 38, POULTRY, near MANSION HOUSE, CHEAPSIDE, LONDON, E.C.

THE "RENSHAW" LAWN-TENNIS SHOE.

Secured by Royal Letters Patent.

ADVANTAGES:

A border of Leather is fixed round the edge of the soles to PREVENT THE STITCHES FROM CUTTING THE RUBBER. Having no leather outer soles, they are more flexible than ordinary Tennis Shoes. They are the BEST and CHEAPEST Sewn Tennis Shoes in the Market.

MANUFACTURERS:

WM. HICKSON & SONS, SMITHFIELD, LONDON.

伤草皮”。1877年，一份早期的指南敦促潜在的网球选手“可怜可怜你自己的身体吧，可怜可怜你朋友网球场的草皮吧，扔掉你的高跟鞋吧（也就是说，穿橡胶底的网球鞋，不要穿高跟鞋）”。它描述了一个穿着“带后跟的皮靴”的球员，他“击球，滑倒，几乎摔倒，然后向前冲去，击打一个球，但没打中，然后滑了一英尺（30.48厘米）左右，直到他的脚后跟改变了方向，这严重损害了草地。他就这样继续下去，直到他真的摔倒了，然后歪着脸站起来，搓着手腕，这也严重伤害了运动员的身体”。相比之下，一个穿着橡胶底运动鞋的球员，可以“跑在光滑的地面上且游刃有余，从不会失足，也没有滑倒一寸。”指南在结尾处的广告上推荐了“摄政街308号J.斯帕克斯–霍尔公司”的鞋子，宣称这样的鞋子很方便。男子草地网球鞋的设计本就是为了方便运动。充满活力的运动突出了维多利亚时代对男性体格健美的理想，但正如旅游指南所警告的那样，不合适的鞋子确实会破坏身体的平衡，破坏原本可以达到的平衡。[8]

就像草地网球不仅仅是一项运动和需要修剪整齐的草坪一样，草地网球鞋也不仅仅只是橡胶底鞋。早期的双打冠军、后来的全英草地网球和槌球俱乐部主席赫伯特·威尔伯福斯（Herbert Wilberforce）在谈到鞋的问题时就表明了这

图1.10 （左图）威廉和欧内斯特·伦肖，1880年

图1.11 （对页图）美国草地网球运动员理查德·达德利·西尔斯（Richard Dudley Sears），1886年

一点。在1891年出版的一本小册子中，威尔伯福斯称赞“厚、光滑、红色橡胶底的鞋子可以穿很长时间，具有较好的稳定性”，而且“不会不舒服”。不过，他承认自己更喜欢他所谓的“普通的带菱纹底的帆布鞋”，因为“它极其轻盈”。作为一名敬业的球员，威尔伯福斯想要在球场上尽可能快地移动。然而，他意识到许多球员不喜欢他的选择，因为这些鞋“装饰性不强”。鞋作为一个商品，它的风格和美学，以及社会内涵，是制造商们不能忽视的考虑因素。对于许多维多利亚时代晚期的球员来说，鞋子的外观和他们的身体表现一样重要。装饰是一件重要的事情。[9]

男鞋的款式多样，从威尔伯福斯穿的那种简单的帆布设计，到那些精致的，进口的皮革。有几家制造商生产了两种色调、做工精细的鞋面款式。其中最受欢迎的是希克森父子队的伦肖样式，以那个时代最成功的球员威廉（William）和欧内斯特·伦肖（Ernest Renshaw）的名字命名。它使用了现代的生产技术，并有一个橡胶鞋底和使用一个创新的贴边系统。它于1885年被推出，在体育报刊上登了好几年的广告。《体育轶事》杂志将其描述为“通常以精心的风格完美地完成”，橡胶鞋底“在不同的角度上有凹槽，以便在各个方向上都能牢牢地

抓住草坪”。插图展示了实用性和风格的完美结合，醒目的两种颜色，精心设计的图案鞋面。伦肖样式是组成这一趋势的一部分。一个来自1888年的广告这样描述，“鞋底外侧和内侧接缝处由具有更好质量和比鞋底其余部分更厚的结构制成”，因此，鞋底的外观更美观，“完全平直，而且更耐用”。它是“按照公认的解剖学形状制作的”。一张大而细致的图片显示了这只优雅的鞋子，鞋面由不同的部分组成，鞋尖有弯曲的边缘和装饰性的打孔。在这两种情况下，功能性的语言为鞋子提供了一种刻板的男性化鞋面语言，它们在美观性和功能性两个方面的销售一样多。[10]

当代的图片和广告表明，像伦肖这样的休闲鞋在草地网球运动员和精英中都很受欢迎。在19世纪80年代，伦肖一家的一张照片上，威廉穿着朴素的、可能是鹿皮的鞋子，而欧内斯特穿着双色调的款式，很像希克森（Hickson）和史莱辛格（Slazenger）卖的那种。到1888年，伦肖的作品已经售出了近25万双。在某种程度上，男子草地网球鞋市场上的价格和款式的多样性证明了制造商在技术上的独创性。另外，这是男性消费者在财富、品位和社会地位等复杂等级体系中明确自己地位的一种方式，而这正是维多利亚时代晚期草地网球派对的特点。然而，“观赏性”鞋的流行也显示出男性球员对风格和美学的重视。因为其他运动项目生产的鞋靴通常都是统一的颜色：板球运动是白色，足球运动是黑色或棕色。而草地网球鞋独特的、花哨的造型突出了这项运动作为一种男子气概表现的重要性，但也凸显了它内在地培养男性气概新观念的可能性。这种具有阳刚之气的草地网球鞋的非正式、随意的优雅，顺应了人们对男性健壮身材的新观念，也是广泛抵制刻板社会规范的一部分。对于在城市办公室工作、生活在周边郊区的越来越多的年轻中产阶级男性来说，体育运动和与之相关的服装为现代男子气概提供了一种强有力的新模式。[11]

而对于女性来说，女性选手不像男性选手那样精力充沛。那些怀着浪漫之心来参加草地网球派对的人，穿着当时流行的，符合女性审美观念的衣服来吸引男性。在游园会时代，大多数女性的穿着和其他任何夏季社交场合一样：长裙、紧身胸衣、手套和帽子。一名年轻女子向《体育轶事》杂志抱怨说：“总是

图1.12 女性草地网球运动员的彩色图片，1890年

有年轻女子来参加草地（草地网球派对），目的不是来打网球，而是充分利用机会。”她写道，球队里更多的是活跃的女性球员，可能是“穿着百褶裙而不是专业的比赛服，脸色有点红”，穿着不适合比赛的衣服是因为她们不希望在比赛结束时默默无闻地退场，而是想给那些男性留下较为深刻的印象。对19世纪末的大多数女性运动员来说，穿草地网球服装是为了社交，而不是为了更自由地运动。女性球员穿着不实用的服装无法正常活动的状态，明显是为了展示出这是一个男性占主导地位的时代，他们的财富提供了这样悠闲的体育社交方式。大多数女性都符合性别刻板印象，她们更喜欢自己看起来是聪明的，穿着“正确”的衣服，而不是舒适地穿着运动服运动。[12]

说到女子草地网球鞋，外观和保护草坪要比实用性更重要。女人的鞋子与男人的鞋子不仅在款式与价格方面不一样，几乎所有的方面都是不同的。这些女人的鞋子采用了传统的女性化设计，用轻质、豪华的材料制成，只适合最优美的动作。史莱辛格推出了“黑色或蓝色的山羊绒，帆布衬里，斯特拉斯堡的摩洛哥羊皮鞋带和鞋头”以及“光面小山羊皮、前开口结构，配饰采用一根带和纽扣”。哈罗德（Harrod）百货公司出售帆布、摩洛哥皮和棕褐色皮革制的女

THE

NEW PATENT TENNIS SHOE.

"THE EL DORADO,"
Price from 15s. 6d.

ALSO MADE IN RUSSIAN LEATHER.

The "El Dorado" Tenn's Shoes for comfort and elegance cannot be surpassed.
As shown in illustration, a moderate heel is supplied, but is prevented from injuring the essential smoothness of the tennis lawn by the interposed rubber soles stretching from the heel to the front of the shoe.
A pair of the "El Dorado" Tennis Shoes will be forwarded Carriage Paid on receipt of Postal Order for 16s. Send old shoe for size.

H. DUNKLEY,
BOOTMAKER.
13 and 15, Buckingham Palace Road, London, S.W.

图1.13　埃尔多（El Dorado）拉多草地网球鞋，H. 邓克利（H. Dunkley）广告，1889年

鞋。当男鞋被体育报刊的评论家认为是“装备”时，女鞋则在流行报纸的时尚专栏中被讨论。例如，伯明翰的一名记者滔滔不绝地谈论伯德百货公司（Bird’s department store）向女士们出售“由可爱的小牛皮、白色鹿皮和帆布制成的草地网球鞋”，销量很快就超过了那些“不太有趣但同样必要的绅士百货公司出售的鞋”。人们认为，鞋的外观比耐用性或鞋对运动表现的帮助更重要。[13]

在关于高跟鞋的争论中，时尚和女性气质观念的重要性显而易见。尽管频繁大声地建议女性穿平底鞋，但许多女性似乎认为平底鞋是一种丑陋的讨厌之物。1888年，“时尚大师”（Fashion’s Oracle）在《汉普郡电讯报》（*The Hampshire Telegraph*）和《苏塞克斯纪事报》（*Sussex Chronicle*）上写道：“只穿网球鞋不穿高跟鞋一直是许多人的不满。”高跟鞋在19世纪中叶重新成为一种女性时尚，到19世纪末甚至广泛流行起来。高跟鞋丰富的情色意味和女性气质，解释了它们对女性运动员的吸引力，而其中的社交和浪漫元素也使女性对它们更感兴趣。所以，高跟鞋在功能上满足穿着舒适的风格被认为是适合女性的。外观和女性化比功能性和保护草坪更重要。牛津街的凯尔西（Kelsey）在1894年打出了“光面皮网球鞋，有跟和没有跟”的广告；1897年，哈罗德陈列出了

三双高跟鞋。为了满足女性的需要，邓克利女性化的高跟鞋是一个独特的解决方案，它有一个两英寸（约5厘米）的鞋跟，一个波纹状的扁平橡胶鞋底将鞋跟和前掌连接起来。广告声称，在舒适和优雅方面，它无可匹敌，并解释说："它提供了一个中等的鞋跟，但它的橡胶鞋底从鞋跟延伸到鞋的前部，从而防止了对网球草坪的伤害。"1888年推出后不久，"时尚大师"报道称，"这双鞋横空出世并迅速获得青睐"。《值得购买的物品》（*Things Worth Buying*）一文的作者在《女子月刊》（*The Ladies Monthly Magazine*）中将其称为"到目前为止我看到的最漂亮、最满意的草地网球鞋。它有一个迷人的平坦的鞋底和高度适中且美观的鞋跟，穿起来非常舒适"。至于它是否能使女性更轻松地移动，或者更好地打球，都无关紧要。[14]

并不是所有的女性都喜欢这种游园会式的运动方式。对于那些看起来面色红润、体质更健康的运动员来说，平底橡胶鞋底的鞋使她们能够以一种前所未有的灵活程度运动，这有助于培养女性的新观念。在女子学校里，大学女运动员以一种新的、充满活力的年轻女性形象出现，这与维多利亚时代中期羸弱的女性气质形成了鲜明的对比。至关重要的是，这发生在一个几乎没有男性的环境中。19世纪末的一小群精英女性选手是这样的先驱，她们运动时穿着宽松、舒适的服装，为第一次世界大战后这种趋势更广泛地流行开辟了道路。对一些女性来说，平底草地网球鞋是一种新的、更积极向上的美的概念的一部分。然而，有这种认知的女性运动员只有一小部分。在公共场合，即使是最擅长运动的女性也认为草地网球服需要符合当时传统的女性审美标准。1897年，洛蒂·多德（Lottie Dod）年轻时对运动的热爱为她赢得了观众，并为她带来了五次温布尔登网球公开赛的冠军头衔。她要求在比赛中穿着"实用、舒适且合身的服装"，并且她认为"这样的衣服一定很合身，否则我们中很少有人愿意穿它"。[15]

草地网球不只是英国的现象。由于温菲尔德的草地网球套装很容易运输，驻扎在世界各地的英国军队和帝国行政官员是它的第一批客户。纽约年轻的社交名媛玛丽·尤因·奥特布里奇（Mary Ewing Outerbridge）在百慕大与英国士兵玩过这项体育运动后，带了一套温菲尔德的套装回家，这体育运动随后被引

图1.14　鞋面生产车间，曼菲尔德父子公司的工厂，北安普敦，1898年

图1.15　鞋底生产车间，曼菲尔德父子公司的工厂，北安普敦，1898年

入美国。第一次板球比赛于1874年在斯塔顿岛板球俱乐部举行；第一次锦标赛于1880年举行；到1887年，有450家网球俱乐部使用了布鲁克林展望公园的球场。很快，进口的美国制造的鞋子和设备就能轻易买到。在19世纪80年代，纽约的I. E. 霍斯曼（I. E. Horsman）公司推出了自己的网球运动的版本，并为那双获奖的“最佳网球鞋”做广告，那是一双白色或彩色帆布，瓦楞纸花纹橡胶鞋底的鞋。该公司建议：“穿着橡胶底的鞋子，运动的人会更安全。一个大而稳固的接触面，可以保护球场，因为普通的鞋跟可能会踩伤草坪。”纽约的另一家商店佩克&施耐德（Peck and Snyder）出售国产的和进口的鞋款。到了19世纪90年代，在芝加哥的西尔斯（Sears），顾客已经可以从一个名叫罗巴克（Roebuck）的平台通过邮购的方式买到各种各样款式的鞋。在这一时期，运动游戏仍然是富有的中产阶级的专利，并发挥着与英国相同的社会功能。类似的关于服装和行为礼仪的性别观念支配着男性和女性的参与者，并在男性和女性的草地网球鞋中表现出来。[16]

* * *

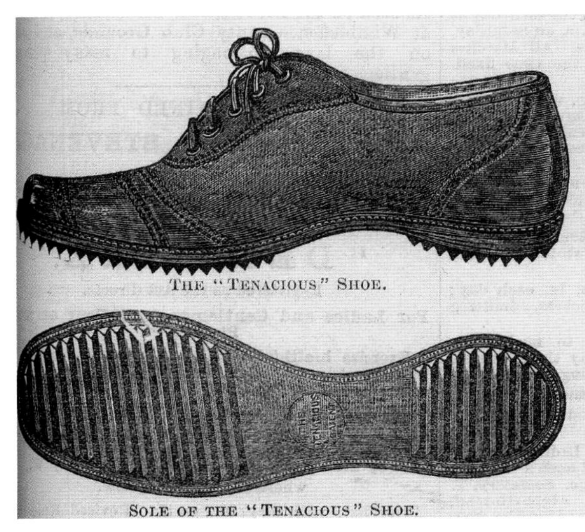

图1.16 “顽强”草地网球鞋，H. E. 兰德尔广告，1884年

19世纪70年代，草地网球的出现恰逢鞋类贸易的转型。而在英国，它从家庭手工业转向了以工厂为基础的大规模机械化生产。自17世纪以来，每位工人专门制作鞋固定的一个部分已经成为一种习惯，而且行业内的劳动分工也很好地建立起来。然而，在19世纪下半叶，美国机械的引入带来了翻天覆地的变化。在19世纪80年代，大型鞋厂遍布英国贸易心脏——东米德兰兹，到19世纪90年代早期，工业生产已成为常态。《泰晤士报》(*The times*)的莱斯特通讯员在1894年指出，“现在靴子和鞋的生产中，几乎所有的操作都是由机器来完成的”，“手工劳动在很大程度上正迅速被取代”。[17]这导致了制鞋行业得以扩张，产量得以增加，也意味着人们可以比以往任何时候都能以更低的成本买到更多的鞋。运动鞋是一个重要的细分市场，制鞋商一直在试验新材料和生产工艺。包括希克森和曼菲尔德在内的草地网球鞋制造商都是工业化企业，它们坐落在使用新开发的机器和生产技术的现代化工厂里。《泰晤士报》指出，网球鞋“被证明非常成功，订单激增”。[18]在一个新的产品类别中工作，为了满足运动需求，制造商可以创新，不受以前产品或运动鞋应该是什么的想法的限制；从设计的生产角度来看，传统的运动鞋根本就不存在。[19]

图1.17 “顽强”草地网球鞋，H. E. 兰德尔广告，1890年

那个时代最成功的网球鞋之一是“顽强（Tenacious）”系列，由北安普敦的H. E.兰德尔（H. E. Randall）公司制造，该公司以采用现代技术制造高品质产品而闻名。其创始人亨利·爱德华·兰德尔（Henry Edward Randall）是维多利亚时代典型的实业家。他生于1849年，21岁时在北安普敦建立了一家制鞋厂，到80多岁去世时，他已被封为爵士，担任北安普敦市长，并被誉为主要的公民捐赠者。1873年，他在伦敦开设了第一家店铺。到了19世纪80年代，他的生产转移到了当时欧洲最大的一家工厂。公司形容它“在业内都是领先的”，“配备了最先进的节省劳力的机器，由最先进的制鞋专家控制”。到1896年，又有三家工厂投入运营。到第一次世界大战时，该公司拥有50多家店铺，其中许多家位于伦敦最时尚的购物区。[20]

“顽强”系列是在19世纪80年代早期推出的。它的设计灵感来自一个常见的问题：早期草地网球鞋的鞋底容易脱落，频繁地跑动导致胶水松开，而缝线会勒开橡胶，使鞋底脱落。当时现有的制作方法都不能很好地应对比赛的体能要求。H. E. 兰德尔的解决办法是使用了美国机械公司最近推出的方法，将一种特别厚的硫化橡胶鞋底黏合在鞋面上并且进行缝合。耐用性和可靠性是这款鞋的

图1.18 “欢迎仪式”，H. E. 兰德尔的广告，《图片报》，1886年

主要卖点，但人们仍然担心它在审美层面上吸引力不足。它是为男性和女性设计的，“种类足够多，足以满足最挑剔的口味”。买家可以从大约30种不同风格、不同价格的帆布鞋面或各种皮革鞋面中进行选择。配有插图的广告吸引了人们对这款鞋外观的注意，并展示了一名穿低帮鞋的男模特，配以时尚的对比色鞋面、装饰性的镶边和穿孔，以及波纹鞋底。[21]

H. E. 兰德尔充分利用了英国蓬勃发展的消费文化所提供的促销机会。该公司在面向最终消费者的体育杂志和指南，以及零售商和生产商阅读的行业报纸上做广告，同时也发行宣传传单。由于建筑和玻璃技术的不断发展，它采用了新的产品展示方法。在其伦敦门店的插图中，路人在贴满广告的巨大平面玻璃窗后凝视着商品。《鞋与皮革记录》（*The Shoe and Leather Record*）形容该公司的展览“毫无疑问是全伦敦最吸引人的”。他们的记者被一种“独创性的展示”惊呆了，只见橱窗里的“步行靴和鞋子、棕褐色植鞣革、自行车、板球和网球用品，这些都有助于烘托气氛，并以最巧妙的方式点缀着板球拍、球、三柱门和网球拍等。”H. E. 兰德尔的广告融合了身体表现、社交渴望和展示这三个要素，这是维多利亚时代草地网球的特点。这一点在《顽强草地网球鞋的胜利：一部段罗曼史》（*Victory of the Tenacious Lawn Tennis Shoes:A Romance*）一书中表现得最为明显。这是一部很容易买到的连环画，书里讲述了一个时尚的年轻绅士琼斯（Jones）试图赢得德·庞森比（De Ponsonby）小姐好感的故事。在一场混双比赛和接着的草地网球派对上的亲密时刻之后，琼斯在第二次比赛时面临了一次尴尬，他穿着的网球鞋底在运动中飞了出去（这双鞋的鞋底不是H. E. 兰德尔的），击中了德·庞森比小姐的鼻子。在他尝试了他朋友建议的H. E. 兰德尔的“顽强”系列的草地网球鞋后，他才从尴尬中解脱出来（尽管他是如何做到的还不清楚）。在下定决心再也不去别的地方买靴子或鞋子之后，最后一幅画面显示了他和德·庞森比小姐“结婚了”。这部连环画巧妙地讽刺了草地网球在中产阶级求爱中的作用，但它仍然表明了草地网球派对在社交中的重要性，以及这项运动作为一种实践运动更为广泛的含义。兰德尔非常明白这一点，并相应地调整了他的产品和营销。[22]

H. E. 兰德尔对运动员欲望的敏感可能源于创始人自己的经历。1886年《图片报》（*The Graphic*）上的一则插图广告显示，兰德尔在一场观众众多的网球锦标赛上获奖。与他周围穿着长袍、戴着高帽子的“社会、政治和艺术领袖”不同，他穿着宽松的白衬衫、合身的裤子和一双“顽强”草地网球鞋，手里拿着球拍。在一段据称是由主持官员发表的演讲摘录中，他解释说，“一般来说，他被视为草地网球运动员的赞助人，在‘顽强’出现之前，他们经常感到鞋脱下后，脚很不舒服。”毫无疑问，这双鞋非常适合这项运动，“许多著名俱乐部都坚持让所有的会员穿它。”这幅图暗示，作为商业中产阶级的一员，兰德尔自己也打草地网球，而他对这项运动的了解也为“顽强”的设计和生产提供了素材。[23]

随着H. E. 兰德尔的“顽强”、希克森的“伦肖”和史莱辛格的“消遣”等更可靠、更耐穿的鞋的推出，让男性参与者得以发展草地网球的运动，并将它从游园会分离出来，更接近现在的样子。在19世纪80年代，男性采用了一种更具侵略性、更具运动性的打球风格，这使草地网球不同于老式的球类运动。如果他们过分关注鞋底，而没有关注在草地网球的运动上，草地网球运动将很难区别于其他球类运动。随着制造商对运动参与者不断变化的期望和需求做出的回应，草地网球运动内部的转变将反馈到鞋品设计过程中。可能是因为H. E. 兰德尔坚持不懈铺天盖地地打广告，在看到广告的一瞬间，男性运动员几乎立刻被“顽强”所吸引。1884年春天，一位伦敦人给《体育轶事》杂志的编辑写信说：

尊敬的先生，我是一名网球运动员，我希望从您或您的订户处获得有关用缝线固定鞋底的鞋子是否真正成功，是否能令人满意地经受住比赛的磨损等方面的信息。我认为这个鞋子有它正确的名字，我的意思是获得了专利的“顽强”。如果您能给我回信，毫无疑问，一些已经彻底测试过这双鞋的人，也会通过您的专栏，向我提供我所需要的信息。——是的，先生，我是你忠实的朋友。

——J. W. 希顿（J. W. Heaton）

塔夫内尔公园，圣巴塞勒缪路8号[24]

像《体育轶事》这样的体育杂志使读者能够看到最新的产品，并为其提供指导和购买意见，帮助读者质疑或证实广告中的产品。伦敦摄政公园的A. 迈尔斯（A. Myers）先生及时地回复说“网球鞋并没有给我困扰的灵魂带来快乐”，因为“在某个不合时宜的时刻，鞋底和鞋身会分开”。“顽强”是“一件好事，它让我有了更好的鞋去运动”，因为他从来没有穿过这样结实的鞋子。圣埃德蒙的托马斯・谢泼德（Thomas Shepard）同样认为它们是“我见过的最好的草地网球鞋”。不出所料，H. E. 兰德尔抓住了这次讨论带来的销售机会，三周后，“顽强”的广告出现在《体育轶事》杂志上。[25]

H. E. 兰德尔广告文案的精准定位和公司产品的实用性无疑促成了“顽强”系列的成功。该公司在《图片报》上刊登文章指出在1883年至1886年售出了20多万双网球鞋。《体育轶事》杂志也在1890年指出，该公司“在过去的一段时间里得到了该有的流行”。广告宣称它“被公认为有史以来生产得最好的网球鞋，售出了30万双而没有任何投诉”。要找到详细的销售或生产数据是不可能的，因此任何数据都必须被谨慎对待，但这些数据表明，“顽强”是那个时代最畅销的鞋品之一。和“伦肖”一样，它的成功是因为迎合了人们对运动鞋的需求，既美观又实用，还因为它的营销手段抓住了潜在买家的购买欲望。[26]

* * *

网球鞋的橡胶材质鞋底、轻便的鞋面和美学细节都是由它们在草地网球中的功能决定的，但这并没有把它们束缚在网球场上。商品在大众市场上销售的可能性被重新考虑，纳入了新的设计，并以其生产者从未想到的方式使用。例如，基尔伯恩的P. 海曼（P. Hayman）告诉《体育轶事》杂志，在他穿着的“顽强”鞋打网球和走路两个月后，鞋底和通常穿的皮鞋底一样结实。来自诺丁汉的休・布朗 (Hugh Browne) 同样穿着“顽强”去打网球、骑自行车、骑三轮车和散步……他声称没有任何不舒服和掉底的情况发生，并发现它们的性能远远好于普通的网球鞋，鞋底被胶合剂固定。[27]人们越来越多地参与到各种各样的运动中，这就产生了对合适的鞋子的需求，具有平底、轻巧、实用设计的草地网球鞋则被证明具有很强的适应性。它们的实用性意味着其被广泛用于各种流行

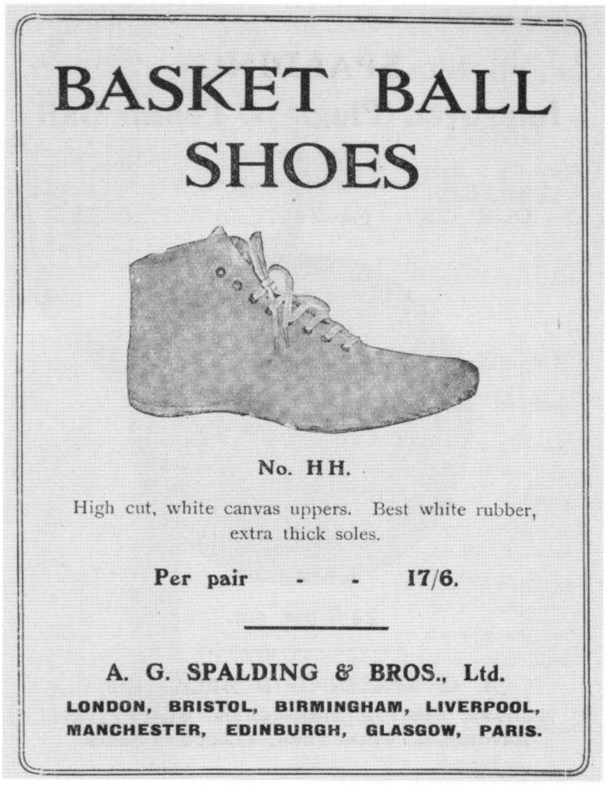

图1.19　篮球鞋，A. G. 斯伯丁广告，1907年

的活动，有报道称它们被用于拳击、击剑、骑自行车、高尔夫、越野跑、步行和大型狩猎。[28]1891年，篮球的发明为其提供了另一个用途。后来随着这项运动的普及，制造商开始销售专门为篮球设计的鞋类。1907年，美国体育用品商人A. G. 斯伯丁（A. G. Spalding）为橡胶底帆布篮球鞋做广告，虽然这种鞋与19世纪80年代和90年代销售的高帮网球鞋几乎没有差别，[29]但它也鼓励和促进了体育锻炼的发展。球员可以在木制球场上没有任何阻碍地移动；越野运动员可以在硬地上跑更远的距离；登山者能够征服更有挑战性的地形。有报道称，1878年攀登毛里求斯的彼得博斯山时，登山者在登顶前都换上了网球鞋，“因为穿着皮靴攀登岩石是不可能的”。他们发现橡胶鞋底的抓地力更强。[30]这种既柔软，抓地力又好的橡胶鞋底的出现，让参加运动的人可以增加他们的运动种类。

通过将草地网球鞋融入一系列运动后，消费者改变了对该产品的看法。制造商们也许是出于对维多利亚时代后期运动的关注，迅速将草地网球鞋推广为多功能鞋。1883年，贝克斯菲尔德（Bexfield）等公司宣称他们的金字塔形状的橡胶鞋底适合“草地网球、板球和所有的户外运动”。到了1889年，希克森在广告中称其网球鞋是无与伦比的，“适合登山、游艇和划船”。草地网球鞋从一

图1.20　游艇、划船和草地网球鞋，J. C. 科丁有限公司(J. C. Cording&Co.)广告，1880年

项单一的运动开始发展，现在更广泛地与体育运动和身体活动联系在一起。与此同时，制造商们开发了新的混合产品，将网球鞋的橡胶鞋底与其他类型的鞋结合在一起。1888年，《渔业公报》（*The Fishing Gazette*）和《铁路用品杂志》（*Railway Supplies Journal*）报道了利兹一家鞋履制造商生产的一款具有运动风格的橡胶鞋底重型皮靴。他们预测橡胶的防水性能将使其适合垂钓者。但同时指出，由于橡胶鞋底在走路时可以不发出声响，因此约克郡的警察正在穿橡胶底鞋，并由苏格兰场进行测试。他们对此表示欢迎，因为以往警察所穿的鞋在夜间执勤时会发出巨大声响，这也提醒了在夜间犯罪的人“这是警察来了”。通过这种方式，生产者鼓励消费者重新想象如何穿和在哪里可以穿这些新型运动鞋。[31]

制造商主要关注的是其产品的潜在用途，而草地网球鞋很快就完全超越了运动领域。对于中产阶级的年轻人来说，这些鞋是一种风格的一部分，强调了非正式和放松，而不是维多利亚时代中期的严肃和僵硬。中产阶级男性穿的是与体育运动相关的更轻的材料、更休闲的衣服和更明亮的颜色，超出了传统规则的范围，这是一种审美反叛行为。草地网球鞋的颜色、重量和剪裁都更轻便，比其他年长的男性穿的深色皮靴更舒适。它们是对传统观念的挑战，是对年轻、非正式的男子气概新观念的伸张。1884年的《每日新闻》(*The Daily News*)报道说，布莱顿(Brighton)的年轻人热衷于给"戴着水手帽的年轻女士"留下好印象，"就像海边的其他年轻人一样，他们喜欢法兰绒衣服，喜欢划船，喜欢穿草地网球鞋"。对记者来说，草地网球鞋成了富裕、无忧无虑的中产阶级青年的一种代名词。例如，在1889年的伦敦码头罢工期间，《罗伊德每周新闻》(*Lloyd's Weekly Newspaper*)指出，顶替罢工码头工人的人包括"几个穿着条纹划船夹克、法兰绒裤子和草地网球鞋的年轻人，他们似乎认为这件事的乐趣正在消失"。这些鞋子在草地网球中的象征价值也延续到了日常生活中。[32]

也许这种新风格最不幸的追随者是一个叫乔治·廷利·内勒(George Tinley Naylor)的年轻人。1896年夏天，这位18岁的少年在诺福克郡克罗默附近的悬崖旁边散步时，被一名割大麦的男子用镰刀划伤了腿。他流血严重，被紧急送回酒店，后来又被送到他祖父在伦敦西部肯辛顿的公寓。在那里，尽管受到几位医生的治疗，他还是死于血液中毒。在对其死因的调查中，陪审团认定割大麦的人不应受到指责，因为内勒当时"穿着草地网球鞋"，所以，割大麦的人才"听不到他的靠近，也没有考虑到镰刀的挥动"。正如《每日新闻》几年前所抱怨的那样，"穿着胶底网球鞋的人，在毫无防备的情况下，在乡间小路上散步，这种无声的方式比骑自行车的人突然发出刺耳的铃声更令人惊吓。"内勒选择的鞋子并不罕见，就是最常见的那种网球鞋。他是一位旅行商人的儿子，一位银行董事的侄子，当时正在一个时尚的海滨度假胜地度假。他是一个普通的中产阶级年轻人，穿着当时流行的休闲装。[33]

受到运动启发的风格最初可能与年轻人的娱乐活动有关，但在19世纪90年代的炎热夏天，它们变得更加普遍，并受到尊重。1893年，伦敦酷热难当，《卡迪夫西部邮报》(*Cardiff Western Mail*)的记者注意到，人们对男性着装的态度发生了"巨大变化"。他写道，"就是在那种天气里，在皮卡迪利大街和邦德街，我们不会羞于穿草地网球鞋和白色运动休闲服"。这相当于一场大革命："四五年前，即使在这个季节，当气温上升到三位数(华氏度)的时候，在城里闲逛的人，一想到要穿这种形式的服装，就像是你穿着狩猎装和绑腿进入伦敦剧院

图1.21 戈尔丁，贝克斯菲尔德公司广告，1888年

THE LAWN-TENNIS JOURNAL,

AND WEEKLY RECORD OF

OTBALL, AQUATICS, CYCLING, & ATHLETIC SPORTS.

EDITED BY N. L. JACKSON.

o. 258. VOL. X. [Registered for Transmission Abroad.] WEDNESDAY, MAY 2, 1888. Price 2d.

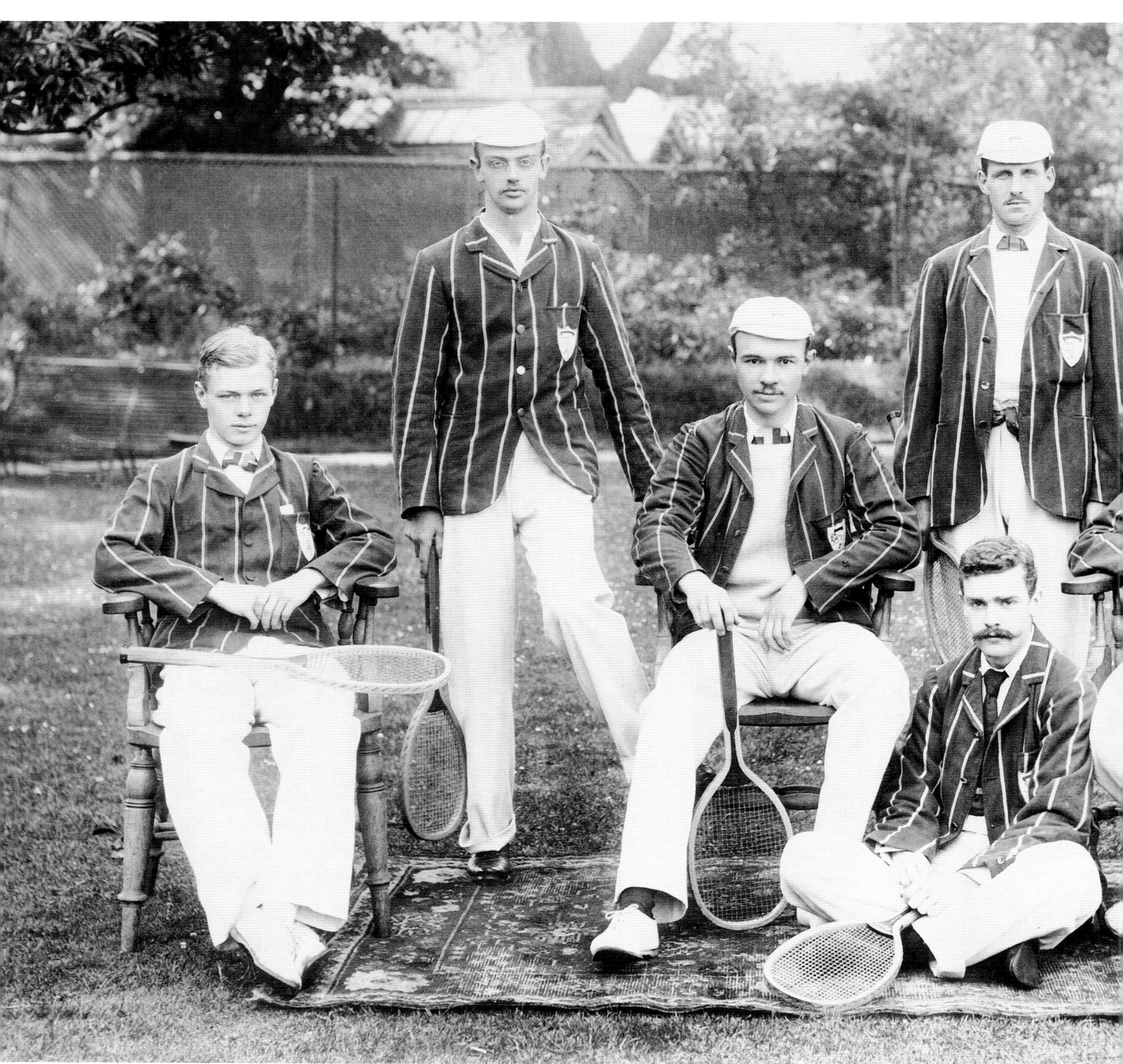

图1.22　伊曼纽尔学院剑桥网球队，1896年

的大厅。”两年后，当《都柏林公民报》（*Dublin Freeman's Journal*）驻伦敦记者惊讶地看到当时的财政部部长阿瑟·贝尔弗（Arthur Balfour）在皮卡迪利大街上散步，“他穿着浅蓝色哔叽西装，法兰绒衬衫，软毡帽和网球鞋”。和他那一代的许多人一样，贝尔弗拒绝放弃他年轻时热衷草地网球的时候穿着的舒适、优雅的衣服。1900年6月，标准的转变再次突显出来，当时《利兹水星报》（*The Leeds Mercury*）写道罗伯特·皮尔（Robert Peel）爵士卖掉了比他更有名的祖父的图书馆，“他穿着一套宽松的西装，头戴一顶浅灰色毡帽，脚穿一双白色草地网球鞋”。贝尔弗和皮尔不是社会革命者，他们的服装显示出一种更加休闲的男性风格的兴起和这种风格逐渐被人们所接受。[34]

* * *

到20世纪初，对许多人来说，草地网球鞋已经成为日常休闲服装的一部分。它们的出现反映了维多利亚时代社会本质上更广泛的结构性变化，包括新的原材料的供应、消费文化的兴起、中产阶级财富的增长以及有组织的体育运动的日益普及。它们的形式是由草地网球的实用性和这项运动在中产阶级生活中的社会意义所决定的，特别是年轻人的社会意识。当它们变得容易被广泛接受时，正说明了产品的流动性。草地网球鞋是为特定的用途和社交需求而设计的，但也被用于其他运动，并形成为其他运动设计鞋子的基础。也许更重要的是，随着年轻的中产阶级男性重新定义可接受的服装样式，并将实用、轻松、运动的风格引入日常服装中，橡胶底草地网球鞋被吸收进一个更为广泛的文化变革过程中。在这里，运动鞋成为一场运动的一部分，这场运动展示了代沟的差异，它主张更年轻、更现代的生活态度。当他们进入20世纪，许多与运动鞋相关的品质控制标准已经确立。

第2章

体育风格、青年风格和现代风格

1913年，威廉·杜利（William Dooley）在伦敦出版的一本面向有雄心壮志的鞋匠的指南中指出，草地网球鞋在行业中有着举足轻重的地位。19世纪80年代和90年代，随着越来越多的制造商进入市场，新的款式持续涌现出来。在指南中他写道，“制造商制作了许多不同的风格，款式每年都有不同，包括形状、使用的鞋面材质、鞋底和鞋面的颜色与组合等。”然而，他也小心地提醒读者不要被所谓的专业术语所迷惑。“网球鞋”这个名字已经成为“一个通用术语……适用于各种布面、橡胶底的鞋类”。这种鞋最初是在草地上打网球时穿的，“但现在已经普遍用于温暖天气和度假时穿，而且越来越受欢迎。”[1]

到20世纪初，杜利意识到网球鞋和其他运动鞋已经在休闲装中站稳了脚跟。在接下来的几十年里，运动鞋和受运动启发的鞋子越来越普遍地出现在日常生活中。运动鞋仍然是中产阶级青年时尚的重要组成部分，特别是在美国，它们成为新兴的青少年市场的一个有力象征，大众对于体育的高参与度和娱乐化体育的兴盛促成了全类型的大众运动服装市场的形成。然而，在这一时期，生产的性质发生了重大变化。在网球市场上，兰德尔、曼菲尔德和希克森等鞋类制造商逐渐被大型橡胶公司所取代，这些公司开始主导网球鞋和其他橡胶底运动鞋的生产。为了增加原材料的消费，他们对橡胶的创新从体育市场逐步推广至大众时尚。与此同时，运动鞋与橡胶工业的紧密联系意味着对性能的承诺，以及与新材料和大规模生产方式的联系，为运动鞋戴上了科技的光环。通过将鞋子与“进步”和“科技”等现代主义的理念含蓄地联系起来，制造商利用大众对技术的热情来刺激销售。橡胶底鞋的目标客户群广泛，因此时尚和运动之间的区别变得越来越模糊，这一现象延续了始于19世纪70年代的第一双草地网球鞋的趋势。

* * *

在19世纪，正如一位维多利亚时代的作家所指出的那样，“很明显，橡胶鞋底对网球鞋来说是必不可少的”。因此，要了解20世纪早期的运动鞋，就有必要

图2.1　橡胶种植园，美国橡胶公司广告，1926年

了解橡胶工业。橡胶来自乳胶，乳胶是某些热带植物的树皮被切割后产生的乳脂状分泌物，干燥后可以形成一种防水的、有弹性的材料。然而，在原始状态下，橡胶是不稳定的，很可能在冷的时候变脆，热的时候变软。只有加入硫黄和热——这个过程被称为硫化——才能产生更稳定的化合物。19世纪40年代的这一发现导致对橡胶的需求激增；作为第一种现代塑料，橡胶被用于无数的工业和家庭用途。然而，最丰富的乳胶来源巴西，橡胶树只在巴西雨林的一小块区域被发现。橡胶的采集最初由一支不晓得怎么统筹管理的团队从野外直接采集，后来全球的乳胶供应几乎完全由巴西商人控制。巴西的乳胶出口量迅速地从1851年的约2500吨增长到1881年的近2万吨，但不同的采集环境意味着乳胶质量的不稳定和持续供应的不可预料。[2]

在英国，橡胶在工业中的地位越来越重要，他们极度渴望得到一个持续、稳定、高质量的供应。为此，在1876年印度办事处的官员克莱门茨·马卡姆（Clements Markham）特意安排在巴西采集了几千颗豆荚并将它们带回了英国。这些种子最初被送到植物园（Kew Gardens）培育，然后相继被送到锡兰（原英国殖民地，现伊斯兰卡）和新加坡进行大规模种植。马卡姆的计划成功了，这些最初的培育成为后来锡兰橡胶种植园的基础。再后来，发展到婆罗洲和马来亚。到19世纪80年代和90年代，亚洲的橡胶种植稳步增长，1899年第一次商业出口离开锡兰。种植橡胶很快得到了制造商的青睐，这实际上摧毁了巴西的橡胶贸易。因为种植者控制了种植和采集的每个方面，他们生产出一种以清洁、均匀和低成本著称的材料。[3]锡兰的耕地面积从1900年的1000英亩（1英亩≈4050平方米）增加到1910年的258000英亩和1920年的433000英亩。马来亚的种植园从1900年的6000英亩增加到1910年的54000英亩和1920年的2180000英亩。为了避开英国的控制，美国橡胶公司（United States Rubber Company）于1911年在苏门答腊岛建立一个种植园。几年后，固特异（Goodyear）橡胶公司也加入进来。到1913年，种植园的出口量与野生橡胶提供的产量相当，到1920年，它成为全球主要的橡胶来源。[4]1933年，世界橡胶总产量的98.6%来自种植园，其中62%位于英国殖民地。[5]

种植橡胶的兴起是由汽车工业的成熟所推动的，它创造了对轮胎和其他零部件的需求。这反过来又刺激了像B. F. 古德里奇（B. F. Goodrich）、费尔斯通（Firestone）、固特异和邓禄普（Dunlop）这样的橡胶公司的增长，于是他们把资金投入到研究和开发中。威廉·吉尔（William Geer）是奠定B. F. 古德里奇成就的科学家，他在1922年描述了“化学家、物理学家和工程师是如何带来真正的知识并将其转化为橡胶制造”，以及“每个较大的橡胶公司都组织实验室、训练有素的化学家来研究新材料，并了解每种材料在橡胶混合物中的表现”。随着科学技术的应用，工业变得更加复杂，可用的橡胶化合物的范围也增加了。然而，随着汽车的兴起，种植橡胶的供应超过了需求。制造商开始多样化生产，并寻求材料的新用途，力求取代传统材料，可以在更广泛的情况下应用橡胶。[6]

种植园制度对运动鞋的影响在20世纪20年代初开始变得明显。英国的种植园经理们把草地网球带到了亚洲，由于远离百货公司和体育用品商店，当他们的鞋子磨损时，他们就用生橡胶作为临时的鞋底材料。由于其的不稳定性，未

图2.2　绉胶质橡胶鞋底，橡胶种植者协会的广告，1923年

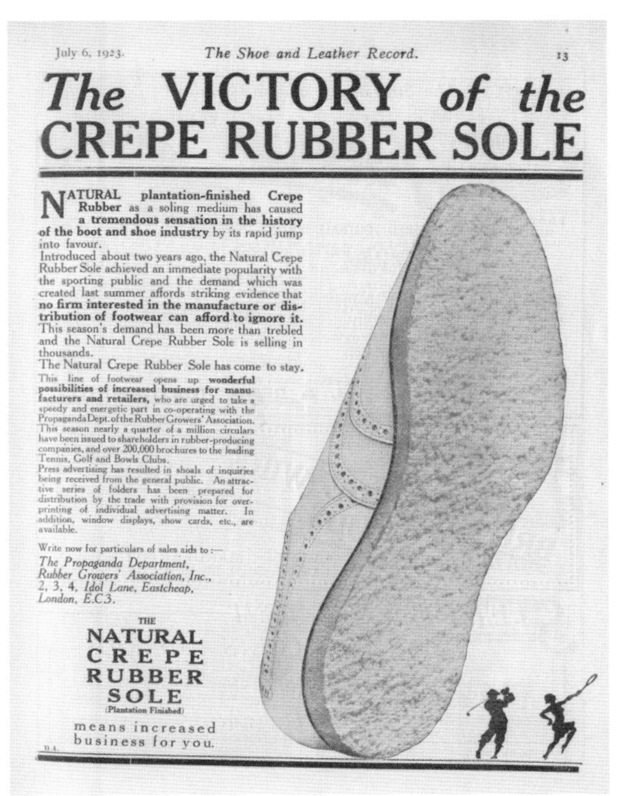

硫化的橡胶被认为不适合用于鞋类制造，但新的加工处理方法的引入，为以更多种方式使用的原材料产品提供了新的处理方法。据《纽约时报》（*The New York Times*）的一篇报道，令他们吃惊的是，打网球的种植园经理发现“他们得到了更好的穿戴体验……新的方法比鞋底经过硫化处理后的效果还要好。”这一发现被认为是减少橡胶过剩的一种经济手段，因为汽车工业还处于起步阶段，欧洲正遭受战争的后遗症，橡胶过剩是一个迫切需要关注的问题。回顾种植者面临的挑战，英国贸易期刊《橡胶时代》（*The Rubber Age*）对橡胶的使用进行了预测，未硫化橡胶（称为绉胶）鞋底可以应用于各种各样的体育活动，而这则可能会提供一个没有昂贵的干预过程的巨大的橡胶消费市场。对于橡胶行业的许多人来说，体育运动提供了一种支持橡胶市场的手段。[7]

1920年夏天，英国的制造商推出了网球、高尔夫、游艇和室内运动采用的绉胶质鞋底。橡胶种植者协会（*Rubber Grower's Association*）宣传部组织了一场运动，旨在提高人们的认识，增加消费量。该协会为鞋匠制作了一份教学小册子，并为零售商制作了一系列彩色促销卡和海报。在这些照片中，一群群面

带微笑、轻松自在的年轻人穿着最新的运动装备，打网球、保龄球、高尔夫球和板球，而标语是“种植园完成的绉胶质橡胶鞋底”。在橡胶种植者协会举办的贸易展上，这些照片和绉胶底网球鞋一起出现在协会的展位上，如一年一度的伦敦鞋和皮革展、大英帝国展和学生个人展。广告出现在报纸上，成千上万的小册子被分发到主要的网球、高尔夫和保龄球俱乐部。[8]

也许是因为橡胶种植者协会的积极宣传，绉胶一经问世就大获成功。1922年8月，《橡胶时代》报道称：“大商店热情高涨地抢购这种鞋底的鞋，几家公司声称订单激增。”该杂志发现“大量证据表明，绉胶质橡胶鞋底的受欢迎程度正在与日俱增”，并宣称它“是增加橡胶消费量的最有希望的媒介”。澳大利亚戴维斯杯网球队对绉胶表示支持，称它“在任何场地和条件下都拥有无与伦比的抓地力”，它的“轻盈和弹性是快速比赛的最佳助力，而且它的韧性能够保证它的持久性”。第二年夏天，橡胶种植者协会在英国贸易杂志《鞋与皮革记录》上刊登了一个大型广告，宣称绉胶“立刻受到了大众体育的欢迎”和“它的迅速蹿红在鞋业史上引起了巨大轰动”。该协会声称，绉胶底运动鞋“为制造商和零售商增加业务提供了极大的可能性”。市场需求如此之大，以至于“任何一家对鞋类制造或分销感兴趣的公司都不能忽视它”。不可否认市场营销起到了一定作用，但该产品的迅速流行可以归因于它在很大程度上满足了男、女运动员的需求。根据该协会的说法，“绉胶质橡胶具有独特的抓地力、对脚部运动的适应性、本身无与伦比的轻盈和弹性，这是其他鞋底材料从未达到的。”维多利亚时代的运动性质发生了变化，如网球，它从一种温和的派对消遣发展成为一种严肃的体育比赛，这对鞋子弹性的需求更高，绉胶底鞋很好地满足了这种需求。[9]

加工过的橡胶鞋底，旨在复制或改善原材料的特性。约翰·卡特父子（John Carter and Sons）公司，一个东伦敦的鞋类批发商，在1930年提供了44种款式的绉胶底或仿绉胶底，包括由英国北方橡胶（North British Rubber）公司、霍德橡胶（Hood Rubber）公司、多米尼克橡胶（Dominion Rubber）公司、切尔顿（Tretorn）、格林盖特&艾威尔橡胶公司（Greengate and Irwell Rubber Company）

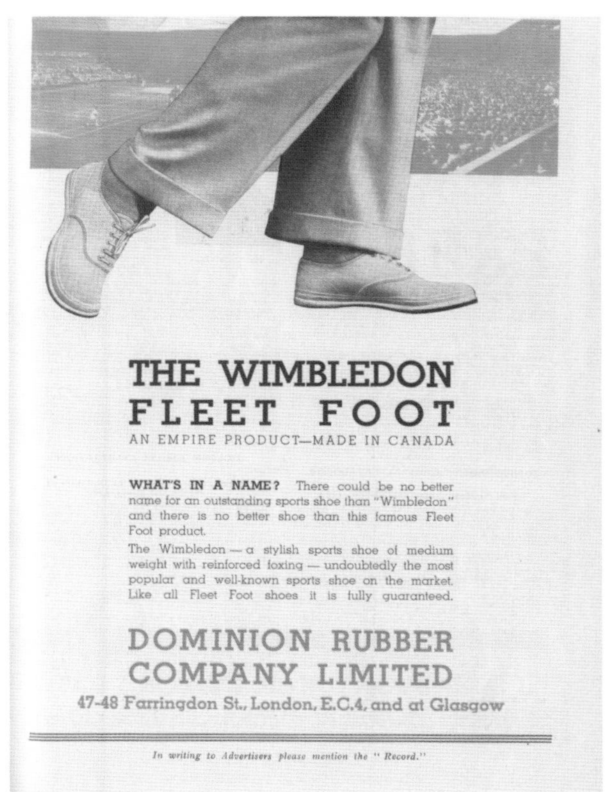

图2.3 Fleet Foot温布尔登网球鞋，多米尼克橡胶公司广告，1935年

和迈纳尔橡胶公司（Miner Rubber Company）生产的鞋。多米尼克橡胶公司制作了一款“温布尔登”型号的鞋，据说是“市场上最受欢迎的鞋”。广告称，其“特殊的硫化绉胶质橡胶”鞋底具有“更好的弹性和韧性”，可以在草地和硬地场上快速行走时起到缓冲作用，减轻疲劳，不会裂开或脱落，而且不受天气影响。在美国，西尔斯·罗巴克百货公司询问在看他们商品目录的顾客：“你穿过硫化绉胶质橡胶鞋底的运动鞋吗?如果你穿过，你知道它们是什么，并具有什么样的性能。如果你没有，你肯定错过了很多舒适的鞋子。”该公司的5款帆布运动鞋的鞋底要么是硫化胶质，要么是仿绉胶质的。20世纪30年代初，美国版的《橡胶时代》报道了剑桥橡胶公司（Cambridge Rubber）、古巴美国鞋业公司（Cuban American Shoe Company）和霍德橡胶公司推出的绉胶质底运动鞋。[10]

起初，绉胶底鞋是专门用于运动的。但是，就像维多利亚时代的草地网球鞋一样，很快就被发现它适合更广泛的用途。橡胶种植者协会特别热衷向普通穿着者介绍这种橡胶底。1924年10月，在伦敦鞋和皮革博览会上，来自《橡胶时代》的记者们发现，绉胶的用途已经“相当广泛”。除了运动鞋，协会还展

图2.4 邓禄普运动鞋，市场营销照片，1930年

图2.5（对页图） 邓禄普运动鞋底，市场营销照片，1930年

示了“适合邮递员、警察和户外工人穿着的结实的德比鞋、儿童校靴和各种女鞋”。英国鞋厂联合起“各种类型的可以使用绉胶质鞋底的鞋，形成了一个有趣的鞋履样品系列”。在1930年的博览会上，协会提倡“绉胶底鞋适用于所有场合”。该组织的宣传部认为这是由消费者购买导致的转变，而不是营销活动的结果。小册子指出绉胶底鞋“在体育界迅速流行”，并“扩展到日常鞋履”，仿佛该协会本身没有参与这一过程。该协会称，“各种户外鞋的鞋底采用绉胶质橡胶日益流行”是基于“公众认识到它比其他鞋底更优越”，以及它的“耐用性”“弹性”“轻盈”“无噪音”和“绝对防水”等特点。这也许是真的，但绉胶底鞋的流行也证明了该协会希望增加橡胶的整体消费，并确保其代表的种植者的经济利益。[11]

* * *

当橡胶种植者为他们的产品寻找新的销路时，大型加工和制造公司也同样开始探索新的可能性。《橡胶时代》杂志在1922年指出，美国轮胎制造商被“鞋业的盈利能力”所吸引。大约在这个时候，几家大型橡胶公司进入了运动鞋市

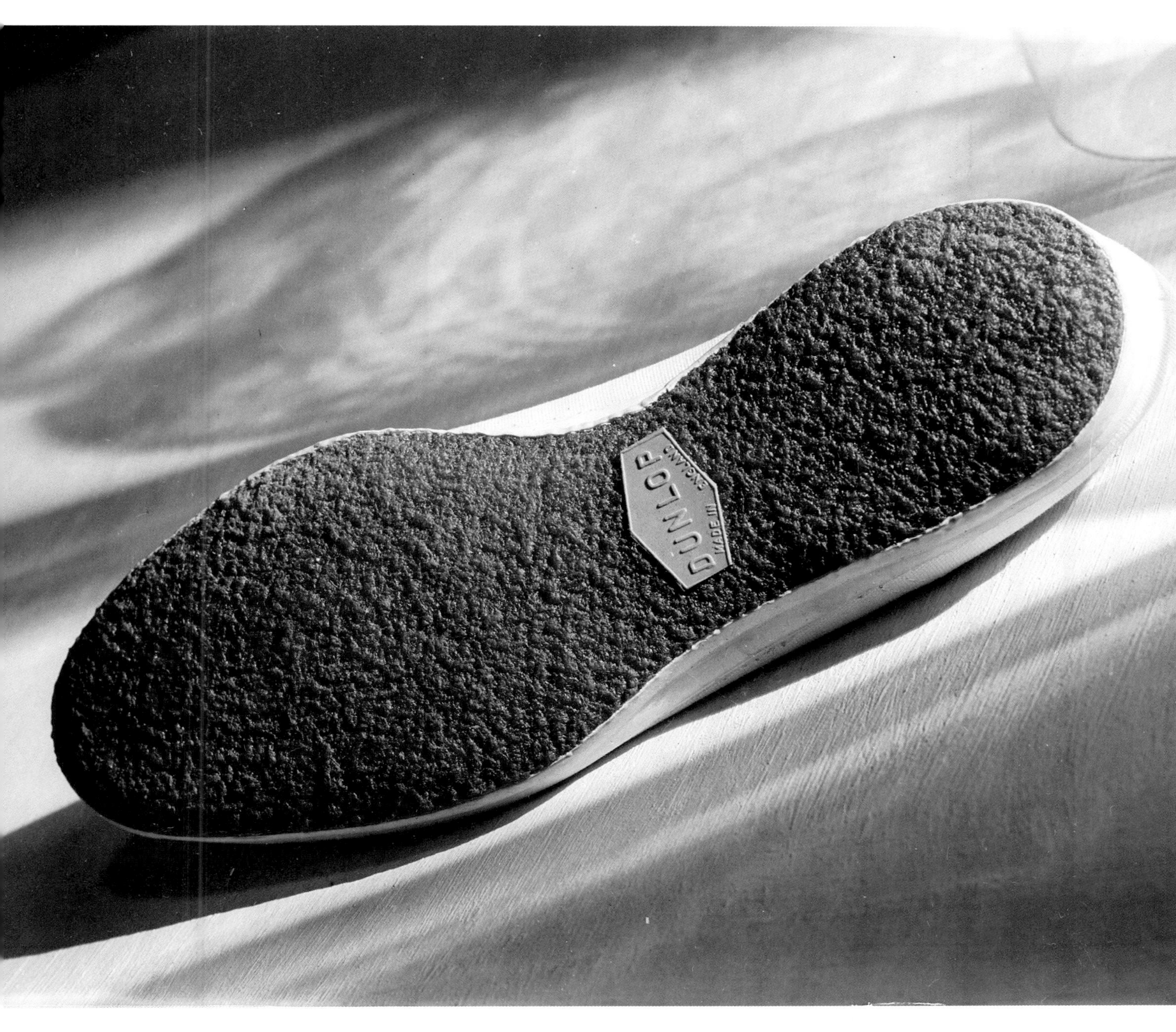
DUNLOP
MADE IN
ENGLAND

场。邓禄普是新晋者之一，其在19世纪90年代开发了充气轮胎，后来发展为英国最大的轮胎和橡胶制品制造商。20世纪20年代，邓禄普试图进入新的市场。为了使产品线多样化，其收购了几家较小的公司，包括利物浦橡胶公司，一家自19世纪中期就开始生产橡胶底运动鞋的公司。1930年10月，第一款邓禄普品牌的运动鞋问世，鞋业周刊《鞋与皮革记录》的特别增刊记录了这一时刻的到来。男女款都有，鞋面都是用轻薄的棉布或者帆布制成，鞋底是由传统绉胶或绉胶的替代品制成，据说这种材料“非常耐用，是打硬地网球的理想选择”。邓禄普将潜在零售商的注意力吸引到了一些细节上，如“鞋面是由美国的纺织技术专家的技术理论演化而来的”“邓禄普棉纺厂是世界上最大的可以自给自足的棉纺厂”“鞋底固定条（不褪色的）”“它将鞋底、鞋面和鞋跟固定在一起，加强了整只鞋的牢固度，让它更智能”，鞋子被“构造出正确的鞋跟高度和鞋头起翘度”是为了“在艰难的比赛中提供舒适的脚部支撑同时不影响鞋子完美的外观”。该材料为邓禄普建立了更为广泛的良好声誉，并被称为“无与伦比的材料”。该公司宣称，邓禄普这个名字是“质量和价值的标志”，是“满意度的最

图2.6　邓禄普运动鞋生产，利物浦，1930年

图2.7　邓禄普运动鞋生产，硫化气缸，利物浦，1930年

坚定保证”“只适用于卓越的产品”。[12]

邓禄普的新款是典型的运动鞋款式，由橡胶制造商生产，如古塔橡胶（Gutta Percha）的加拉格德（Garagard）款式和德蒙（Demon）款式，多米尼克橡胶的Fleet Foot温布尔登款式和迈纳尔橡胶的帕（Pal）款式都是类似的。到了20世纪20年代，19世纪晚期流行的复杂、华丽的皮革和鹿皮鞋基本上已经被人遗忘，取而代之的是与现代主义建筑功能相呼应的更时尚、更简单的帆布鞋。网球鞋一般都是白色的，有时会搭配彩色装饰。1936年奥运会上，在匡威橡胶公司为美国队引进全白球鞋之前，篮球鞋一直是黑色或棕褐色的，这种转变是由技术变革推动的。在19世纪，橡胶是在干燥的热风炉中经过几个小时的硫化。鞋底由橡胶片切割而成，并使用标准的鞋底连接方法附着在皮革或帆布鞋面上。新机器的引入意味着硫化工艺本身就可以用来黏合鞋底和鞋面。1920年，《橡胶时代》报道了美国轮胎制造商B. F. 古德里奇的子公司霍德橡胶推出的一种鞋，这种鞋“用蒸汽和压力固化，与汽车轮胎完全一样”。这就产生了一种具有“极好耐磨性能和弹性”的鞋子，“像铁一样耐磨”。同样重要的是，它消除了制鞋

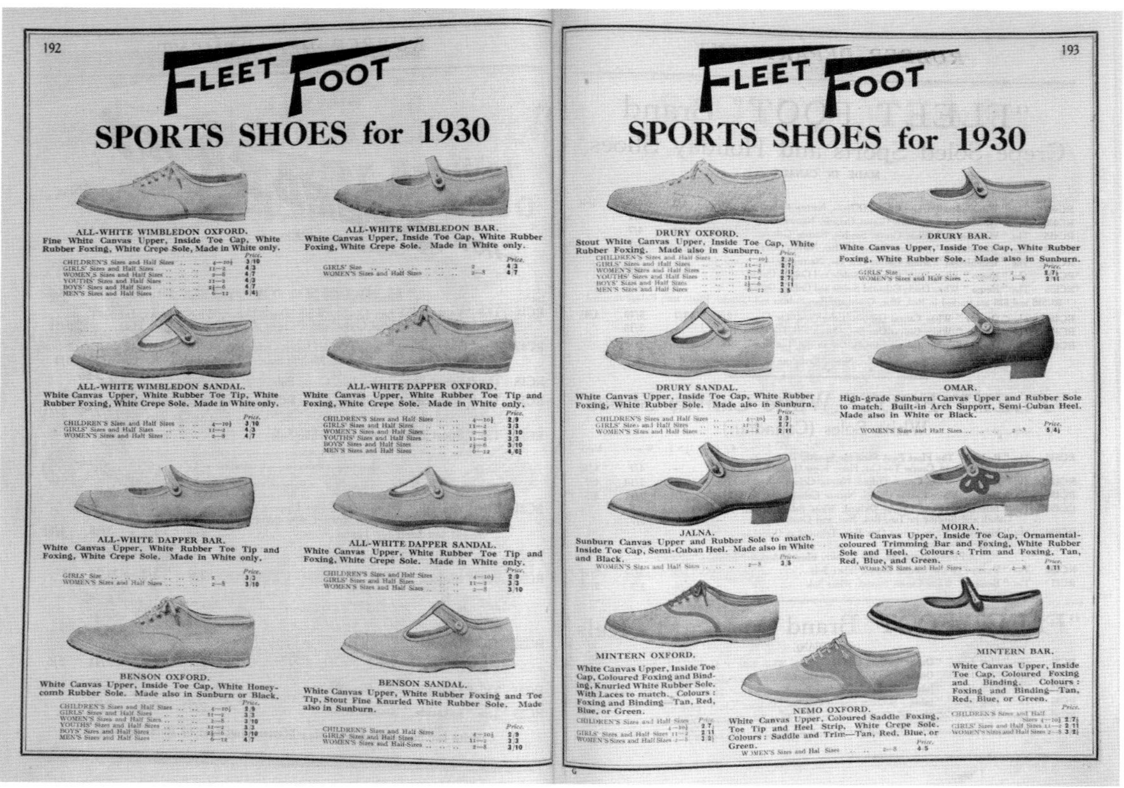

图2.8 （上图）统治橡胶Fleet Foot运动鞋，1930年

图2.9 （对页图）网球鞋，古塔橡胶公司广告，1934年

过程中的一个阶段：不再需要像19世纪80年代的H. E. 兰德尔和威廉·希克森父子公司那样，把鞋底缝到合适的位置，或用复杂的贴边来固定。这降低了生产成本，意味着鞋的产量可以增加，而产量在很大程度上受到机械师缝合鞋面速度的限制。这也反过来解释了为什么人们会从使用皮革转向采用更简单的材料。作为一种统一的、更轻的材料，帆布可以比皮革更快更容易地被操作技能不高的工人掌握。网球鞋和篮球鞋的基本款式开始大规模生产。[13]

在20世纪早期的几十年里，制鞋厂商对19世纪70年代引入的大规模机械化生产工艺进行了改进。制鞋所涉及的各部分制作仍然是高度分割：据说在1922年，美国工厂的每个产品是由十五六种不同的部分组成，每个人都只进行一种特殊的操作。移动装配线和时间管理原则被许多公司所采用。1936年，美国版的《橡胶时代》报道了一家领先的制鞋公司安装了生产传送带，该报道认为这将“加快生产进度……创造迄今为止不可能实现的经济效益”。这项工作的高度机械化使红十字会在第一次世界大战后提出建议，制作网球鞋特别适合残障人士，因为他们不适合从事更重的体力劳动。1930年，邓禄普公司发行了一部宣

G.P. shoes for SPRING

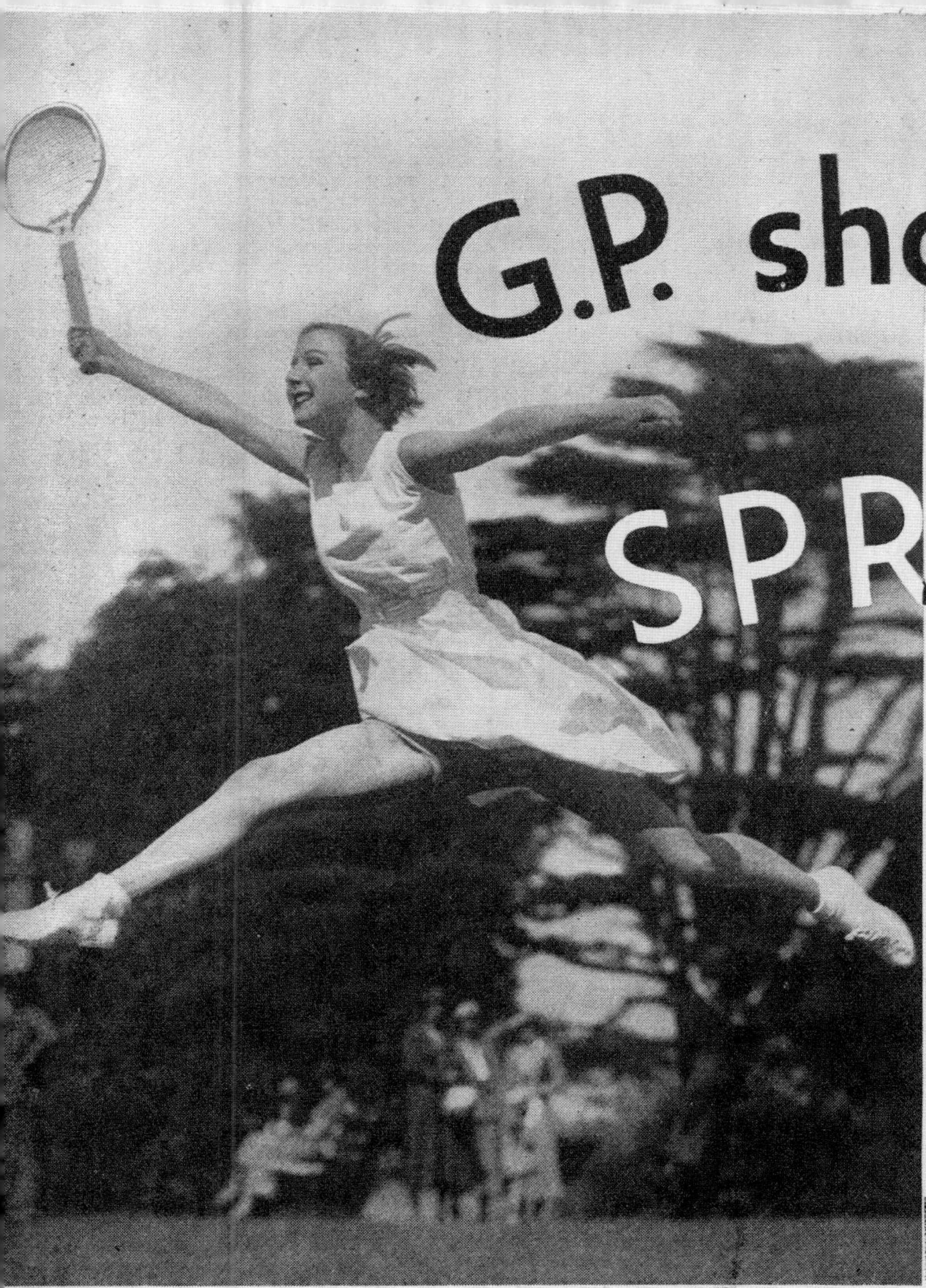

Gutta Percha & Rubber (London) Ltd.,
30, 31 & 32, Bolsover Street,
Great Portland Street,
London, W.1.

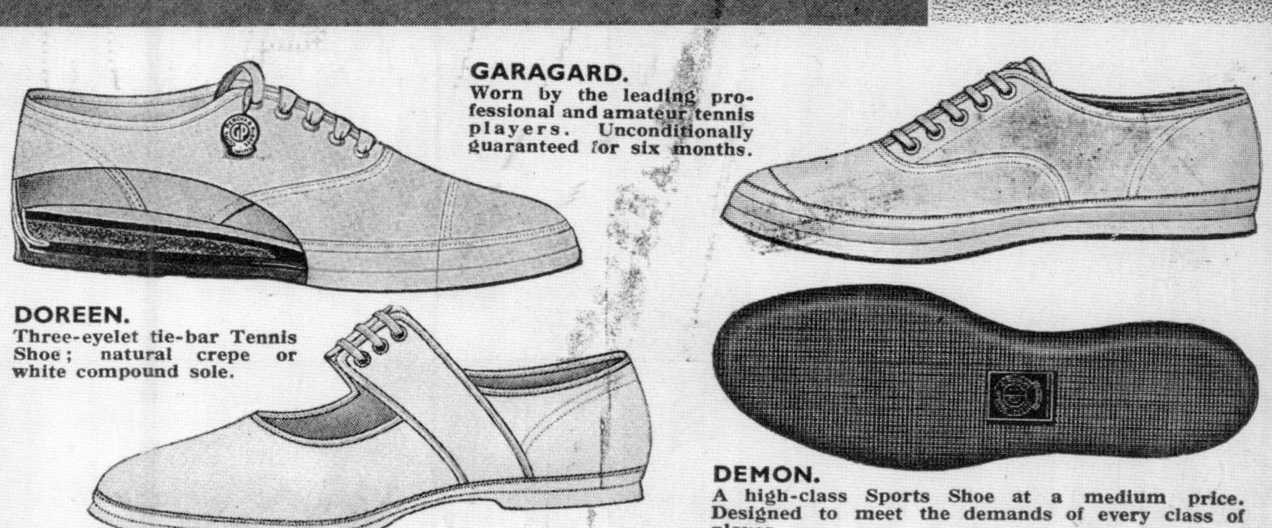

传影片，记录了其位于英格兰利物浦附近沃尔顿（Walton）的工厂生产运动鞋的情况。影片中，男工人在各种机器上工作，加工橡胶和准备鞋底，一排排留着波波头的年轻女工坐在缝纫机旁，把各种帆布材质的下料版缝合在一起。其他女工在移动的传送带上工作，把完成的鞋面绷到木鞋楦上，把橡胶鞋底粘好，然后紧张地检查并把制作完成的鞋移到大型的便携式货架上。工作显得冷漠而迅速。最后，男工人把成品鞋的架子移到一个“巨大的硫化筒”里，一次可以硫化四千双的橡胶鞋底。[14]

邓禄普在沃尔顿工厂的生产规模是整个运动鞋行业的缩影。可靠的数据很难找到，但是不可否认的是产量肯定比19世纪要大。威廉·吉尔（William Geer）声称，在1919年，美国生产了1989.6万双网球鞋。据媒体报道，20世纪20年代初，这家工厂平均每天生产2万双胶靴和胶鞋，到1921年，胶靴和胶鞋出货量的价值为91086200美元。据橡胶种植者协会估计，1926年美国生产了2611.4075万双橡胶底帆布鞋，大约2000万双被制造商们出口到世界各地。到20世纪20年代末，据估计，世界范围内的橡胶底帆布鞋出口量已上升到3650万双以上。根据邓禄普的营销经验，1923～1930年，英国进口了4000多万双橡胶底鞋，其中很多是从加拿大进口的。英国北方橡胶公司的高管大卫·巴普提（David Baptie）在1928年写道：“橡胶底网球鞋的生产大幅扩张。”可供选择的种类多得“难以计数”，这包括鞋的“廓型、配饰、风格等”，他认为，制造商们面临着与女鞋行业同样的问题，即要跟上不断变化的时尚潮流。到20世纪20年代末，橡胶制造商销售了无数双针对不同小众市场的运动鞋款式。[15]

* * *

20世纪20年代，运动在社会中的重要性日益增长，推动了运动鞋市场的发展。在第一次世界大战后的几年里，维多利亚时代的体育游戏从大英帝国和美国传播到世界各地。有组织的体育比赛成为大众娱乐的一种流行形式。国际比赛成为固定赛事，例如，温布尔登（1877年成立）、纽约（1881年成立）、巴黎

（1891年成立）和墨尔本（1905年成立）的网球锦标赛获得了国际关注；始于1894年的现代奥林匹克运动在1920年的安特卫普奥运会之后变得越来越正式和隆重；世界杯足球赛始于1930年；每年举行的三场大型自行车比赛——环法自行车赛（1903年成立）、环意大利自行车赛（1909年成立）和环西班牙自行车赛（1935年成立），这些比赛都吸引了大量公众的注意。各个国家和地区的体育运动也同样重要：在美国，职业棒球、橄榄球、曲棍球和篮球比赛吸引了大批观众；在英国，很多人观看足球、板球和网球比赛。这是一个体育英雄的时代，广播和新闻短片等新的大众媒体将体育赛事传播给更多人，而这种新的媒体形式也增加了早期报纸报道所没有的即时性。

与此同时，广大群众参与体育运动的热情与日俱增。网球和高尔夫球成为广大中产阶级喜爱的休闲活动。在英国，两次世界大战之间于郊区建造了三百万套私人住宅，这扩大了网球运动支持者的范围。到20世纪30年代末，有3000个俱乐部隶属于草地网球联合会，草地网球已成为中产阶级郊区社交生活中不可缺少的一部分，[16]同时篮球在美国越来越受欢迎，足球在国际上也越来越受欢迎。美国和欧洲的义务教育制度，特别是随着美国高等教育的发展，以及欧洲和美国有组织的青年运动，使许多年轻人更愿意参加体育和体育娱乐活动。这个时期战争无疑给这些发展蒙上了阴影，但国际竞赛体现了民族主义的情感，而体育和健身项目保证了在战争中可以被招募的、身体健康的人的数量。然而，体育的普及也反映了现代官僚机构的兴起，以及中产阶级工作性质的变化。在英国，两次世界大战之间的这几年被称为提供体育用品的黄金时代，因为大企业为他们的工人设立了体育项目。[17]1927年，《纽约时报》称，“越来越多的室内运动员”刺激了纽约对体育馆和其他设施的需求，成千上万的人在自己的家中和卧室里进行锻炼。室内高尔夫、网球、曲棍球、篮球、保龄球、壁球、击剑和射箭等运动据说很受欢迎。有报道称，超过一百万的男孩和男人使用基督教青年会体育馆和其他体育设施。就像19世纪80～90年代喜欢运动的职员一样，参加运动和锻炼的是“普通的商人”和“有抱负的白领阶层”。[18]

运动的兴起导致人们对相关鞋品的需求。大众参与创造了一种产品的需要，这种产品可以根据潜在购买者的收入、竞争的程度和他们选择的体育项目来区分。制造商们持续提供各种看起来大致相似，但却有细微不同的鞋子。然而，广泛参与的必要性使现成的运动服装和运动鞋被转向了远离运动领域的、更平凡的用途，而运动服装也越来越多地影响了主流时尚。1923年，《纽约时报》曾报道，所谓的“运动型”装扮在纽约很流行。该报记者把百老汇描述为“世界体育中心”“如果你从服装的角度来看”。他指出，1918年前后，女性“开始戴各种运动帽、穿各种运动鞋”，男性则拒绝“过去那种轻底的皮质跟鞋”，而是选择“在悬挂着旗帜的人行道上穿1英寸（约2.5厘米）厚的橡胶鞋底的高尔夫鞋”。他认为，这一趋势可以追溯到19世纪80年代网球时尚的兴起，几乎没有迹象表明它会衰落：“在大街上、柜台后和办公室里他们唯一不穿的运动服是泳装和棒球服，如果按照目前的趋势继续下去，运动服饰的时代终将来临。”运动鞋和运动服装的流行可以从很多方面来解释。《纽约时报》的记者认为：这是因为它们“意味着行动的轻松和自由，在名义上与日常工作中的奢侈和放松联系在

图2.10 （左上图）运动鞋，西尔斯·罗巴克百货产品型录（Sears, Roebuck catalogue），1927年

图2.11 （右上图）科学耐用的科迪斯(Scientifically Lasted Keds)，美国橡胶公司广告，1934年

图2.12 （对页图）“运动鞋的气味”，霍德橡胶公司广告，1934年

Here's The Famous Hygeen Insole that's *stopped* all this

Hygeen Insole

FOR years mothers all over the United States were troubled about the disagreeable perspiration odor which clings to ordinary sneakers. *Then came the Hygeen Insole* and put a stop to all this! For, as enthusiastic reports from thousands of parents prove, this amazing new insole prevents offensive "sneaker smell" from developing!

How does Hygeen Insole "work"? Instead of soaking up perspiration, it permits it to *evaporate quickly*, leaving Hood Canvas Shoes free from offensive odor!

Then there are Hood Shoes—made by the patented Xtrulock process—that are *molded* in one smooth unit. No stitches to break—no seams to chafe feet or wear holes in socks. The scientifically *ventilated** uppers provide tiny air spaces which let cool air shoot right through the canvas. Besides, Hood Shoes are *washable*. No artificial stiffening to wash out and leave the canvas limp!

*Patent Pending.

Xtrulock Shoes give extra wear without extra weight.

This summer be sure your children enjoy these extra comfortable Hood Canvas Shoes. Look inside for the green insole with this mark.

Hygeen Insole

HOOD
CANVAS SHOES

OOD RUBBER COMPANY, INC., WATERTOWN, MASS.

一起”。这是一个实用、舒适的选择，让坐在办公桌前的员工感到“至少这是无所事事的特权阶层的先决条件之一”。这种财富和休闲的联系得到了大众电影和电影杂志的肯定，通过在加利福尼亚运动装和好莱坞魅力之间的联系使它在美国越来越受欢迎。[19]

图2.13 （上图）威廉姆斯学院的学生在佛蒙特州野餐，《生活》，1937年

图2.14 （对页图）一对穿着网球鞋的情侣，男人穿的款式是马鞍鞋，约1930年

对于美国学生和年轻人来说，运动鞋是休闲服装的一部分，这是他们区别非学生和成人世界的标志。F. 斯科特·菲茨杰拉德（F. Scott Fitzgerald）在其第一部自传体小说《人间天堂》（*This Side of Paradise*）中描述了“穿着白色法兰绒的……白色的鞋，堆满书的书架”的场景，这是他和小说的主角于1913年在普林斯顿相遇的情景。在小说中，穿网球鞋、法兰绒衣服和轻松休闲的制服，是迈向理想中的东部精致生活的第一步。第一次世界大战之后，以运动为灵感的时装仍然在年轻人中流行。1923年，《纽约时报》收集的数据显示，6～22岁的人最常穿帆布胶底运动鞋。据报道，马萨诸塞州史密斯学院的女生喜欢穿“高尔夫球鞋、网球鞋或任何圆头平底的鞋子——最好是橡胶底的”，她们一直穿到“寒冷的秋天让她们受不了”。1937年，《生活》（*Life*）杂志向大家展示，

她们在佛蒙特州的本宁顿学院和纽约北部的精英女子学院瓦萨学院的同学，都将这种最初为运动、狩猎或体力工作而设计的运动鞋作为一种舒适实用的非正式制服的一部分。在瓦萨学院，“经典的校园服装”包括“粗花呢裙，布鲁克斯兄弟毛衣，马鞍鞋或网球鞋，马球外套”。当《生活》杂志的摄影师在1937年访问美国大学时，他们发现很多男女学生都穿着运动衫、牛仔裤、有纽扣的衬衫和网球鞋。《生活》杂志这样描写道，“对于东部大学的男生，脏兮兮的运动鞋几乎成了制服。”在学校的运动庆典上，运动装显得尤为重要，但它也是传统或正式服装的功能性替代品。《纽约时报》称，史密斯学院的女生们更喜欢软橡胶底网球鞋，因为她们在校期间要走很多路。在美国各地的年轻男女中，这种运动风格的变体都很流行，这表明学生们不受职场着装要求的束缚，也表明了体育在校园生活中的重要性。[20]

图2.15　马鞍鞋，《生活》，1937年

学生的时尚也许显示了童年习惯的持久感染力。20世纪20年代，美国橡胶制造商开始将帆布运动鞋宣传为多用途鞋，其中最常见的是受篮球鞋启发而设计的将鞋带延伸到脚趾的高帮鞋。1927年，《纽约时报》有过这样的报道：“橡胶底帆布网球鞋与波纹橡胶鞋底，搭配黑色圆形的脚踝贴片非常抢手”，90%的男性帆布鞋和85%的女性帆布鞋都使用这种补丁（贴片）。这类鞋子中有很大一部分是作为便宜的制服卖给孩子们的。私人零售巨头西尔斯·罗巴克出售了一款米老鼠高帮帆布鞋，其目标人群是妈妈们。霍德橡胶公司声称，他们的鞋子可以让人像赤脚般自由地行走，这是足部发育所必需的，同时还能“防止割伤、脚后跟擦伤和路面震动”。20世纪30年代，该公司发布了一系列广告，展示了年轻的母亲们对“令人讨厌的运动鞋气味”的厌恶，该公司声称这种弊病可以通过其“霍德海根鞋垫”来避免。美国橡胶公司将其“科学耐用”的软底帆布鞋宣传为年轻人理想的入门鞋，而且作为正装鞋的替代品。该公司还在《美国男孩》（*American Boy*）等杂志上刊登广告，将科迪斯（Keds）款式与网球、篮球和棒球冠军联系在一起，并出版了一系列针对精力充沛的男孩和女孩的运动手册，从而在年轻消费者中树立了品牌知名度。通过这种简化的方式，篮球运动

LIFE

THE CLASS OF 1937

JUNE 7, 1937 **10** CENTS

员所穿球鞋的廉价版本成了数以百万计美国学生的日常鞋。[21]

然而，美国年轻人穿得最多的鞋是马鞍牛津鞋。这种鞋的鞋面很轻，白色帆布或鹿皮，脚背上覆盖有一块黑色或棕色的马鞍形装饰。鞋底通常是橡胶的，并附有一条沿条。据说，1906年，美国体育用品公司A.G.斯伯丁将这种鞋作为网球鞋推向市场，但网球运动员并不喜欢这种鞋，于是该公司又将它指定为高尔夫球鞋，并取得了一定的成功。20世纪20年代，它成为美国年轻人的时尚，到了20世纪30年代，各地的青少年都在穿它。《纽约时报》指出，史密斯学院的女生也穿这种鞋。那时的生活照展示了她们在本宁顿和瓦萨时候的穿着样式。1937年，纽约一家名为罗德&泰勒（Lord and Taylor）的时装店举办了一场比赛，以“选出最漂亮、最合理的服装款式，最高可用250美元购买”为名，收到了超过1万名女学生的参赛作品。来自新泽西州哈肯萨克市的一名16岁少年赢得了比赛，她的参赛作品包括两双马鞍鞋，价值5.95美元。它们的受欢迎程度跨越了种族和性别界限。20世纪30～40年代，《生活》杂志的几篇摄影随笔揭示了它们在中小学生和大学生中经久不衰的流行现象。1937年，《生活》的编辑采用了阿尔弗雷德·艾森斯塔特（Alfred Eisenstadt）的一张带着窄边镜框的年轻女子穿马鞍鞋的照片作为大学专题的封面。到了20世纪30年代中期，这种鞋与运动的联系几乎完全消失了。相反，它们是休闲的日常穿着，更多地与美国年轻人的活力联系在一起，而不是与运动精神联系在一起。[22]

* * *

对制造商来说，运动鞋的广泛流行是一份礼物。然而，以时尚为导向的买家不一定与那些购买运动鞋用于运动场上的人要求相同。1922年，切斯特·C.伯纳姆（Chester C. Burnham）在美国贸易杂志《印度橡胶世界》（*Indian Rubber World*）上写道，“出乎意料的是，我们对橡胶鞋底不同寻常的需求出现了。”他将这归因于战后人们对运动的兴趣大大增加，这导致对合适的运动鞋的需求非常大。最重要的是，买家可以分为两类：“①因为运动而穿着的人；②因为好看

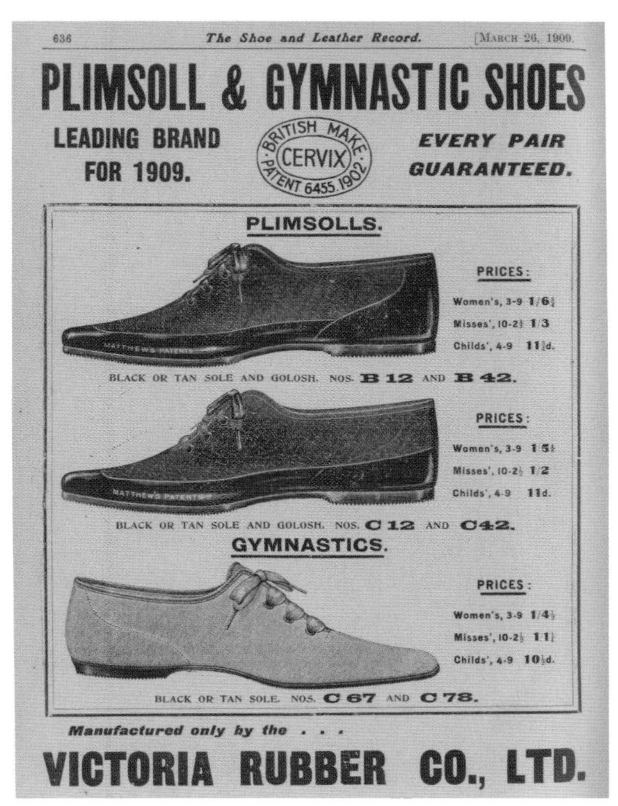

图2.16　英国帆布平底鞋，维多利亚橡胶公司的广告，1909年

而穿着的人。”伯纳姆报告称，零售商发现“这类鞋的销售额中有很大一部分是卖给那些对运动不感兴趣的人的，他们穿这类鞋只是因为它和当下流行的短裙、运动服和短发很搭”。他们还发现，在那些时尚买家中，有些款式比其他款式更受欢迎，研究发现某些鞋底在上班或日常穿着时明显不舒服。例如球形跟、棱锥形跟和酒杯跟都不适合日常使用。伯纳姆认为，如果制造商想在运动鞋类的流行期受益，他们需要设计“有明确功能的鞋底”和“契合穿着者需要的鞋款”，使用场景包括但不局限于网球场、高尔夫球场、舞池，或者办公室等。他敦促制造商针对特定市场定制产品，实际上是建议生产看起来像运动鞋，但却是为日常穿用而设计的鞋子。他建议，对于那些喜欢运动时尚风格却不打算参加运动的人来说，可以跳舞、打保龄球和徒步旅行的鞋底会更受欢迎。[23]

于是大量的运动和受运动启发的鞋子被生产出来。尤其是在英国的大众市场，简单的帆布鞋大量涌现。它的鞋面是简单的帆布，鞋底是薄的橡胶，是那种最便宜、最容易制造的橡胶底鞋之一。橡胶种植者协会表示，它可以用于运动，但更广泛地适用于度假或在沙滩上穿着，以及日常穿着。在工业化生产区，由于它的低成本，在困难时期比普通鞋更经济。这里有一些案例充分地说明了当时的大环境：马克斯·科恩（Max Cohen）在他关于20世纪30年代失业的回忆录中写道，他买了一双网球鞋，但因为他对自己的外表很在意，于是就把帆布鞋面染成了黑色，这样“（从远处看）很像普通黑色皮革”；约翰·卡特父子公司（John Carter and Sons）在伦敦出售了一些型号，包括英国北部橡胶公司的西斯尔款式、格林盖特款式和艾威尔的“艾威尔和国王”款式。在美国，普通的高帮篮球鞋扮演了类似的角色，并作为一种休闲或童装的款式流行。针对伯纳姆所描述的情况，一些制造商推出了针对年轻人市场的运动鞋。1927年，马萨诸塞州制鞋公司（Tanners Shoe Manufacturing Company）的产品目录中有一款名为Plus 4的鞋，它被形容为“一种裙装和运动鞋的罕见结合”，在高尔夫球场、网球场和第五大道的人行道上同样适用。制造商声称这款鞋将以最时尚和舒适的方式让你保持年轻。这款鞋结合了受运动鞋启发的时尚特征，包括穿上就像“踩在空中”的纯绉胶质橡胶鞋底和脚背的马鞍形结构，同时用小牛皮制成。这个款式虽然从美学或技术的角度来看是运动的风格，但和其他许多款式一样，它的目标人群是时尚的年轻人士。[24]

图2.17　杰西·欧文斯(Jesse Owens)遇到了运动鞋爱好者，芝加哥，1936年

* * *

运动鞋制造商鼓励更多的非正式运动款式，当然这可能是为了增加销量。市场营销促进了青年人、休闲活动和运动装之间的联系，并将橡胶底帆布运动鞋重新塑造成一种适合所有人的时尚夏季服饰单品。广告强调了对于大众来说穿着橡胶鞋底的鞋在社会的和时尚的方面都是可以接受的，并说明了橡胶鞋底相对于传统鞋底材料的优点。在美国，橡胶公司努力将其科迪斯品牌定位为美国人在玩耍时的选择，而不仅仅只是年轻人、运动爱好者或有时尚意识的人的选择。他们在包括美国最畅销的周刊《周六晚邮报》(*The Saturday Evening Post*)在内的流行大众市场杂志上刊登广告，声称橡胶鞋是休闲或夏季衣橱中必不可少的单品，“炎热、沉重的夏季鞋已成为过去式”。[25]广告中，年轻男女穿着休闲的、以运动为灵感的时尚服装，大肆宣扬帆布橡胶鞋，并暗示老式、较重的鞋款不时尚，与现代美国生活观念不合拍：

> 轻便、凉爽、舒适的软底帆布鞋已经成为夏季普遍使用的鞋子。
>
> 无论在最小的乡村小镇还是大城市，你都能在户外或家中找到它们。
>
> ……男孩和女孩，男人和女人，在工作和玩耍的时候，他们到处都穿着科迪斯软底帆布鞋。[26]

这一基本信息被重复了好几年，内容几乎没有更改。潜在的买家被告知这样一种信息：数百万双这样的鞋子被男人、女人和孩子穿用，而科迪斯底帆布鞋是在温暖的天气里最理想的鞋子，适合外出、打网球和日常穿着使用。运动鞋不再是少数人群的专利，而是整个美国的夏季习惯。美国橡胶公司将它们与美国社会的变化联系在一起，包括运动的普及和汽车销量的增长，这些变化给夏装带来了新的款式和契机。读者们确信在过去的几年里人们对夏季鞋的看法已经发生了变化，美国人正在学着让自己看起来清爽、简单、有夏日气息、放松、舒适。如果这些案例还不够的话，那之后紧锣密鼓的宣传加强了橡胶底帆布鞋和其他时尚运动装之间的联系。男士们被告知科迪斯软底帆布鞋是“一种有风格和特色的鞋子，这也正是你穿法兰绒或棕榈滩西装时必穿的鞋子”。女士们则被告知软底帆布鞋是舒适和时尚的，会给“最漂亮的白色连衣裙增添优雅”。1939年，《周六晚邮报》的一则广告将美国居家男人的生活与他对鞋子的选择进行了类比：“布料和橡胶底的鞋子适合他的心情”“他的脚和他的灵魂一样放松”。就这样，以运动为灵感的风格被包装为轻松、开放和充满活力的生活方式的一部分，是20世纪美国自信、现代的代名词。[27]

硫化橡胶产品也与工业现代化的概念和改变日常生活的技术进步联系在一起。橡胶可以和电力、收音机、汽车、留声机、电影院和飞机一样被列为机器时代的标志。橡胶的物理特性——机器成型、光滑、可着色、柔韧、防水——强调它是人造的，是科学、农业、工业和交通发展的结果。橡胶制造商创新的热情被当作一种销售产品的方式。围绕橡胶底运动鞋的名称、描述和意象将它们定位为现代奇迹。例如，产品型录和广告中通常使用机械类的语言：“减震鞋垫”“机动轮胎鞋底”“带弹簧的鞋”；霍德橡胶的速度鞋使用了一个带有闪电标记和细长字母的标志，给人一种速度的图形感觉。1931年，《周六晚邮报》为美国橡胶公司刊登了一则双页的广告，将科迪斯帆布鞋与一艘远洋客轮放在一起，并将它们描述为与柏林飞艇实验室测试产品相同的产品，并将该品牌与现代最伟大的两个象征联系起来。到20世纪40年代早期，在运动鞋的市场营销中，技术的说法已经确立，各公司推出了一系列“新”产品。虽然工业科学和橡胶鞋业之间的关系是真实的，但从销售的角度来看，大众科学的暗语是一种发明和强调细微差别的手段，以区别本质上非常相似的产品。运动鞋广告模糊了事实与虚构之间的界限。现代的华丽辞藻让制造商们能够克服大众对橡胶制品理解匮乏的问题，并建立在大众对新技术产品的热情之上。[28]

* * *

伪科学的语言将运动鞋置于技术变革的最前沿，并利用大众对机器时代标志性创作的热情，这不仅仅是一种销售技巧。橡胶是一种新的、不断发展的产

One of the children's Keds—made on a nature last. Similar models both with the strap and without it—for women and young girls.

From the woods of Maine to the beaches of California

This new summer habit has swept the country

No longer is vacation comfort confined to two short weeks out of the whole sizzling summer.

With five times as many country clubs as we had ten years ago—with twelve million automobiles—with two million golf and tennis players—with camps multiplying upon every mountain side—with the opening of great new parks and beaches—every day, every week, millions of Americans are living out-of-doors!

No wonder outdoor comfort has become the keynote of summer dress!

The amazing growth of Keds is the natural result of this great change in American life. Everywhere you'll see them—on city streets, in the home, at the seashore, in the mountains.

Light, cool, easy-fitting, Keds let the feet, cramped by months of stiff shoes, return to their natural form and breathe. The uppers are made

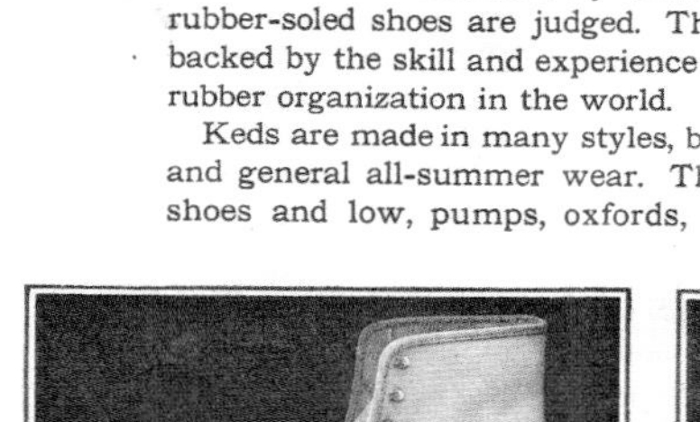

of fine white or colored canvas—the soles of tough, springy rubber from our own Sumatra plantations. Keds combine comfort and wear with attractive appearance. The details of their finish—the stitching and reinforcements—the careful workmanship throughout—put Keds in a class by themselves.

Why it will pay you to insist on Keds

Keds are the standard by which all canvas rubber-soled shoes are judged. Their quality is backed by the skill and experience of the largest rubber organization in the world.

Keds are made in many styles, both for sports and general all-summer wear. There are high shoes and low, pumps, oxfords, and sandals,

One of the most popular all-purpose Keds. Suitable for picnicking, boating, tennis and general outdoor wear.

A sturdy sport shoe. Athletic trim and lace-to-toe features. Smooth, corrugated or suction soles.

Another Keds model that is worn for sports as well as for general outing purposes. In tan as well as in white.

A Keds model that appeals to … everywhere. Appropriate with the … frocks. White or colored trimmi…

They are not Keds unless the name Keds is on the shoe

图2.18　美国橡胶广告，1923年

品，以植物为基础原料的橡胶工业是世界上技术最先进的工业之一。橡胶底鞋由科学、农业、加工和制造技术共同形成，并与其他更明显的技术产品直接相关联，尤其是汽车。营销材料大谈不同鞋子的科学性能和创新品质，但也反映出生产这些鞋子的行业越来越依靠科学的本质。

在这期间，运动鞋的概念可以被改变和发展。橡胶工业的发展，体育运动的不断兴起，以及以体育为灵感的时尚的持久流行，导致了新设计的激增。维多利亚风格的鞋子成为日常休闲鞋。工业化大生产使得几乎所有人都能买得起橡胶底帆布鞋，这鼓励了制造商——尤其是美国的制造商——尽可能多地推广这种鞋的用途。在这样做的过程中，科学的现代主义语言被确立为运动鞋营销的一个持久的主题。对运动的重视促使制造商将最新的技术应用到运动鞋中，但随着“网球鞋”一词应用于各种橡胶鞋底的鞋，以及从运动中获得造型提示的时尚潮流，对于那些无法迎合大众市场的制造商来说，区分专业运动鞋和其他用途的运动鞋变得越来越重要。在20世纪30年代，试图同时迎合普通市场和体育市场所产生的问题还不清晰，但随着第二次世界大战后体育用品市场的复兴，这些问题变得突出起来。

第3章

运动鞋的复兴

在第二次世界大战结束后的几十年里，运动鞋经历了翻天覆地的变化。20世纪上半叶，简单、多用途的帆布橡胶鞋款式被一系列由各种合成材料制成的复杂鞋子所取代。《纽约时报》的撰稿人格雷格·唐纳森（Greg Donaldson）在1979年将这样的鞋子描述为“变种人”，有着奇怪颜色和奇怪形状的运动鞋、丝绸和玻璃纤维制成的太空鞋、鞋底向上延伸卷曲在脚趾和脚跟上方，橡胶钉茫然矗立，朝向天空。他说，运动鞋“失去了控制”。[1]这些新款式的鞋品牌化程度很高，专业化程度也越来越高，它们被作为技术先进的产品推销给眼光敏锐的运动鞋买家。鞋品材料性质伴随着生产性质的变化发生了转变。曾经在20世纪20年代和30年代占据主导地位的橡胶公司受到了专注于提供运动鞋的专业公司的挑战。到了20世纪70年代，他们的产品被广泛使用，运动鞋的流行概念被大大拓宽。

人们对技术含量更高的运动鞋的追求来自多方面。在这当中，国际贸易模式的改变、新材料和生产技术、对体育运动态度的转变以及个别品牌制造商都发挥了重要作用。和其他人造物品一样，也和以前的运动鞋一样，战后的运动鞋是通过各种社会和技术塑造而获得意义的，它们的存在是因为更广泛的历史力量的联合。现代运动鞋并非凭空捏造。相反，它们是战后不同市场条件下的产物。美国、西德和英国的发展都对运动鞋的新概念做出了贡献。

* * *

第二次世界大战深刻影响了英国的运动鞋生产。橡胶用品优先用于军事用途。全国各地的制鞋厂要么为军队生产靴子和鞋子，要么被征用作其他用途，邓禄普的制鞋厂被用来制造轰炸机的相关部件。工业设计师为飞行员设计了特制的靴子，为突击队队员设计了橡胶鞋底，而不是仅满足男性和女性运动员表面的需求。在战争时期，运动鞋的生产是为军用物品让道的。然而，运动鞋制造商在战时发挥了重要作用。1940年10月，邓禄普在商业报刊上刊登了一则广告，解释了“必要的战争生产”是如何阻止公司“完全满足民用需求”的。照片上年轻的新兵正在进行体能训练，这意味着邓禄普的橡胶底运动鞋是面向军

图3.1 邓禄普运动鞋广告，1940年

队的。广告承诺："当这场战争胜利后，邓禄普运动鞋将再次为那些需要的大众提供。"然而，1940年的战争远未取得胜利，随着战争的进展，橡胶鞋贸易面临着进一步的挑战。最重要的是，日本对英属马来西亚的入侵和占领（1942—1945年）以及1942年新加坡的沦陷扰乱了橡胶贸易，意味着英国失去了对许多种植园的控制和准入。邓禄普公司的官方估计，由于战争，帆布橡胶鞋的生产减少了一亿双。直到战争停止，运动鞋的生产才得以大规模恢复。[2]

运动鞋产业在战后的几年里出现了更多的困难。1945年7月的一则广告乐观地预言："邓禄普将为战争后运动鞋产业类树立质量标准。"但是，随着战争的胜利，英国公司在配给、劳动力和材料短缺，以及普遍经济紧缩的背景下艰难地重建自己。20世纪40年代末，《鞋与皮革记录》哀叹这个曾经举足轻重的行业正在衰落。一位匿名作者说，"英国一度在运动鞋生产方面领先世界，但战争终结了这一现状。而战争的后果，员工的耗竭以及所需材料的短缺，进一步延长了这段时间，在这么短的时间里，制造商不可能重新振作起来，立刻就满足近十年来被压抑的需求。"他的话让人对英国制造商在战后初期的生存能力产生了怀疑，但他仍然对此抱有希望。英国公司正在克服供应和贸易许可证方面的困

THE STRIKING SELLING FEATURES OF Dunlop SPORTS SHOES

'WHITE FLASH'

"DUNLOP VENTILEX" upper canvas, porous yet wet resisting, allows the foot to breathe, reduces perspiration—a revolution in sports shoe comfort.

Self-ventilating Dunlopillo cushion insole adds liveliness to footwork and protects against shock.

Self-induced air flow through special ventilated "DUNLOP VENTILEX" upper canvas.

Flexible reinforcing foot support.

Semi-rigid reinforcement.

Substantial layer of super quality black outsole rubber, having special abrasion resisting qualities.

Its customer-tested features, amazing comfort and length of life make this the most sought-after sports shoe ever known.

To stock, display and say you have DUNLOP Sports Shoes is an automatic assurance of a speedy and profitable turnover.

The foundation of good tennis

图3.2 （对页图）邓禄普运动鞋广告，1948年

图3.3 （右图）Gymbo运动鞋，阿什沃斯有限公司（Ashworth's Ltd.）的广告，1946年

难，对此，这位匿名作者说："达到了能够成功处理的程度。"尽管他持乐观态度，但英国制鞋业的复苏依然脆弱。[3]

这场战争也暂停了运动鞋行业的创新。尽管许多为军事开发的产品和材料在20世纪40～50年代出现在民用市场上，但英国运动鞋制造商选择回到了战前的风格和生产方法。后来邓禄普为一系列白色"闪光"帆布橡胶运动鞋做广告，但这些鞋与1930年推出的运动鞋大体相似。苏格兰的一家名为北不列颠橡胶公司在1951年出售的帆布运动鞋与1930年出售的运动鞋一模一样。商业报刊上的插图和广告展示了皮革足球鞋、橄榄球鞋、板球鞋和跑步鞋，这些鞋几乎与十年前或更早以前生产的鞋没有区别。在某种意义上，这种连续性可以被视为前几年的动荡之后的回归正常；在另一篇文章中，它反映了在战争结束时，该行业所处的艰难环境。经过多年的军事生产，许多鞋类生产商缺乏新的设计和机器。由于没有什么可依据的，战前风格的复兴也许是不可避免的。[4]

国际竞争者的崛起使英国制造商的日子更加艰难。到20世纪20年代末，日本、马来亚和捷克斯洛伐克已经加入美国、英国、加拿大和法国的行列，成为

图3.4 运动鞋，格林盖特&艾威尔广告，1956年

橡胶底鞋的主要出口国家和地区。英国的竞争力第一次面临令人担忧的状况出现在20世纪30年代初，当时廉价的进口商品开始威胁到国内市场的制造商。邓禄普的运动鞋发布时的标语是“我们的设计，是一种极致的英伦风格”。从1933年开始，进口关税的提高为这个行业提供了一些保护，但英国的帝国优惠政策意味着英国制造商仍然受到帝国其他地区制造商的挑战。战后困难加剧了。中国香港的工厂利用有利的贸易关系，向英国市场大量供应橡胶底网球鞋和帆布鞋。由于劳动力成本较低，这些鞋的售价远低于英国生产的鞋。到20世纪50年代中期，每年有超过1400万双鞋被进口到英国。[5]

英国的生产商一直在努力与亚洲进口商品的上升浪潮做斗争。20世纪50～60年代，曼彻斯特的一家名为格林盖特&艾威尔（Greengate and Irewell）的公司从20世纪20年代起就开始生产橡胶底运动鞋，该公司的董事们经常提出他们所谓的“威胁帝国制造的鞋类产品”的论调。为了挽救自己的企业，他们增加了广告支出，投资新机器，引入了新的销售方法，增加并控制了生产，放弃了无利可图的生产线，并试图生产多样化的新产品。然而，尽管做出了这些努力，鞋类部门仍在继续亏损。1958年，董事们指出，市场已经饱和，因为帆布鞋和普通双纹底网球鞋以更低廉的价格应对来自中国香港市场的竞争，使它们无法继续生存下去。第二年，公司决定停止生产帆布鞋和其他可能容易受到中国香港竞争影响的生产线，转而专注于运动鞋的生产，董事们希望在这一领域能够盈利。该公司为壁球、羽毛球、篮球、足球、曲棍球、长曲棍球和越野跑生产了一系列专业帆布橡胶鞋。广告宣称“每个人都在追求绿色运动鞋”。其实每个人都不是。董事们抱怨鞋类部门的糟糕表现，尽管大家做出了各种努力，如削减无利可图的生产线，但是亏损还是一直持续。这种不愉快的情况导致该公司在1966年退出鞋类贸易市场。[6]

邓禄普面临着类似的问题，也以类似的方式做出了回应。在该公司1953年的年度股东大会上，董事长贝利（Baillieu）勋爵提醒人们注意来自中国香港、日本和捷克斯洛伐克等国家和地区的激烈竞争及其对鞋类产品出口的不利影响。此后，邓禄普的年度报告以令人沮丧的规律性曲线讲述了他们在制鞋业务上遇到的困难。到了20世纪50年代中期，邓禄普的帆布橡胶鞋显然无法与其他地方生产的更便宜的版本竞争。1953年，贝利承认，由于来自中国香港进口产品的竞争加剧，以及来自日本等国外低成本生产商的竞争，橡胶底帆布鞋和普通网球鞋的生产将停止，并转向更专业化的工业靴、休闲鞋和运动鞋领域。他认为，“这几类产品有很大的潜在市场，也有相当大的想象力和企业发展空间”。20世纪50年代后半期，邓禄普投资了相应的生产工艺，重组了生产，并开设了一家工厂，“专门生产皮革和帆布鞋的模压橡胶鞋底”。该公司旨在将专业技术和最新方法应用于不断扩大的产品品类中。这一努力带来了新的运动类款式，贝利在1955年的一个报告中称，这些款式很快就得到了消费者的普遍认可。[7]

“绿闪光”（Green Flash）网球鞋于20世纪50年代末推出，是“首批采用高度机械化制造技术生产的新产品”之一，是邓禄普运动系列的旗舰产品。鞋子由白色帆布鞋面、白色橡胶垫和独特的绿色橡胶鞋底制成，《鞋与皮革记录》写道，它以“舌部有海绵垫，内部无接缝，特殊的模具鞋底和邓禄普拱形支撑鞋垫”而自豪。他们发布的广告声称“它的新结构——无缝的前部结构，给行动带来独特的舒适感，还有无摩擦的配件，而且它的防滑模压鞋底提供了更多的

抓地力”。这是一款专为那些爱好新技术的运动员而设计的产品，它在1961年的年度报告中展示给股东们。其中的一张照片中显示，一名身穿白大褂的年轻女子被围绕在一排排整齐排列的“绿闪光”中，她正在仔细检查一只鞋的鞋底。一张源自1963年的照片显示，车间里的女机械师负责操控绷鞋工序的传送带，传送带将工作篮筐沿着操作员运送。在照片的前景中，一个大型带闪灯标识的控制面板表明工厂已采用现代化计算机的生产管理。另一张照片显示，一位身穿白色制服的工人正在操作一条复杂的机器生产线，生产出“绿闪光”。股东们得到保证，“新的制造方法导致了更轻的运动鞋的诞生”。邓禄普在生产过程中对“绿闪光”的描绘，为公司树立了一个具有前瞻性思维的企业形象，用科学的方法改进产品。与格林盖特&艾威尔生产的运动鞋一样，“绿闪光”被定位为一款专业的、技术含量高的运动鞋，这与从中国香港进口的运动鞋非常不同。20世纪50年代末的广告强调邓禄普是大多数温布尔登选手的选择。1964年，该公司报道称，“绿闪光”在消费者中“很受欢迎”。直到20世纪70年代，它一直都是英国市场上最受欢迎的网球鞋之一。[8]

图3.5 （左上图）邓禄普“绿闪光”制作车间，20世纪60年代

图3.6 （右上图）邓禄普“绿闪光”的生产品控，20世纪60年代

图3.7 邓禄普“绿闪光”的生产，鞋底成型机械，20世纪60年代

格林盖特&艾威尔和邓禄普迎合更挑剔、要求更高的体育消费者的举措，反映了英国人对体育态度的转变。与19世纪晚期一样，战后收入的增加和工作时间的缩短，使公众有时间和金钱用于休闲娱乐活动，各项体育活动的参与者也有所增加。1955年，《鞋与皮革记录》指出，“如今，运动已经成为生活的一部分，就像吃喝一样”“人们每到周末都会为了运动而聚会”。这对鞋类制造商和零售商来说是个好消息，意味着客户的增加。《档案》（*Record*）指出，所有这些活跃的人都有一个特别的共同点：无论男女老幼必须穿着得体，而且标准越来越高。在这当中鞋子尤为重要，不论是足球运动员、板球运动员、徒步旅行者还是骑自行车的人、骑马的人、跑步的人，每个人都需要特殊的靴子或鞋子，而且很可能会有一双备用的。这本身并不是什么新鲜事，但该杂志意识到，关键的转变是“自战争以来，参与这些运动的人的数量一直在稳步增加，特别是年轻人，他们通常有好工作、有富裕的背景并且他们愿意在自己的爱好上花钱，从而获得更高的效率和舒适度”。人们更广泛、更认真地参与体育运动，再加上可支配收入的增加，创造了一个更为复杂、以性能为导向的运动鞋市场，而邓禄普等公司则试图抓住这一市场。[9]

图3.8　邓禄普运动鞋广告，1958年

邓禄普的“绿闪光”与格林盖特&艾威尔的运动鞋款式取代了20世纪20年代为运动而设计和销售的款式，同时，进口的压力刺激了创新。20世纪50年代和60年代的英国运动鞋被视为廉价的“帝国制造”的鞋的现代版替代品，并被标榜为专门满足男女运动员技术性要求的解决方案。然而，就像20世纪20年代和30年代的鞋子一样，它们是由专注于橡胶的公司生产的。运动鞋为这些公司打开了一个可能的市场，因为在19世纪晚期，橡胶被认为是制作运动鞋底的理想材料。帆布鞋和胶鞋在第一次世界大战后声名鹊起，但它们的制造商首先是橡胶生产商，其次是制鞋商。尽管橡胶工业在科学上取得了进步，但市场营销和广告几乎无法掩盖这样一个事实：20世纪50年代和60年代的运动款式在本质上仍然是帆布鞋和橡胶鞋，与上一代人生产的运动鞋很像，与亚洲廉价生产的运动鞋没有什么本质的不同。他们仍然依赖于近半个世纪前引进的生产技术。然而，在战后时代，这样的鞋子是否适合运动，以及橡胶是否仍然是最好的制作鞋底的材料，都受到了挑战和质疑。

* * *

图3.9 （左上图）阿道夫·达斯勒在西德赫佐根奥拉赫的工厂，20世纪20年代

图3.10 （右上图）达斯勒兄弟体育产品型录（Gebrüder Dassler Catalogue），1937年

战后的西德发展出了一种不同的运动鞋设计方法。这在很大程度上归功于阿道夫·达斯勒（Adolf Dassler）公司，该公司于1948年由阿道夫·达斯勒，一位四十八岁的鞋匠和企业家，在西德南部的一个名叫赫佐根奥拉赫的小镇成立的，[10]它更为人所知的名字是阿迪达斯。该品牌最早于1949年8月在菲尔特的附近城市注册。当时，阿道夫·达斯勒是西德制鞋业的资深人士。第一次世界大战结束以后，他开始利用业余时间制造和销售实验性的运动鞋。1924年，他与哥哥鲁道夫（Rudolf）建立了合作关系，为当时在西德兴起的运动俱乐部和联合会生产、销售运动鞋。他们的公司稳步发展，这引起了西德田径队教练约瑟夫·韦策尔（Josef Waitzer）的注意。后来他们帮助该田径队开发了运动鞋，并在1928年阿姆斯特丹奥运会上使用，从而提高了该队在精英运动员中的形象。到1936年时，它已成为西德最大的运动鞋生产商之一，为11项运动提供服务。柏林奥运会上的许多运动员都穿过它的运动鞋（包括杰西·欧文斯，阿道夫曾送给他一双），年营业额高达48万令吉（马来西亚货币）。1939年，该公司在赫佐根奥拉赫建立了第二家工厂，只是因为战争破坏了生产，营业额也没有持续地大幅度攀升。1945年，赫佐根奥拉赫向美军投降后，恢复了生产，战后的一

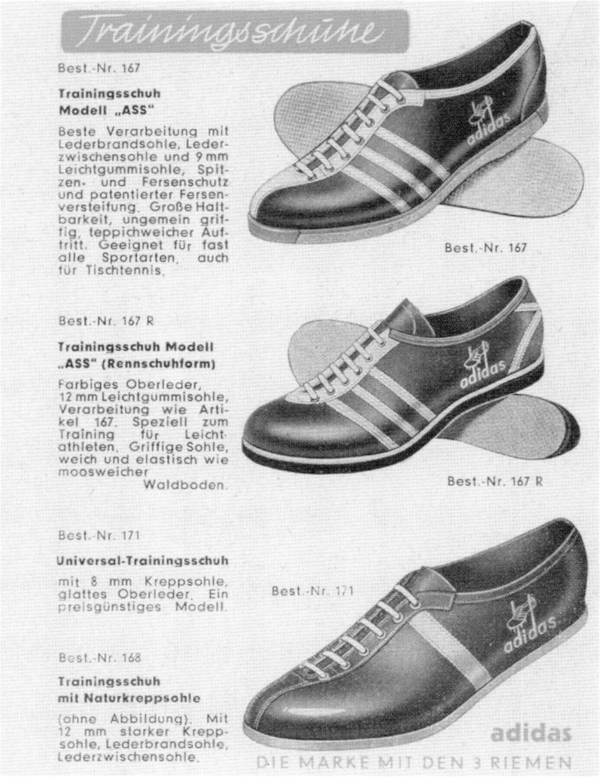

图3.11 训练鞋，阿迪达斯产品型录，1950年

些产品是用回收的军用帐篷帆布为驻扎在附近的士兵制作训练鞋。然而，战争加剧了达斯勒兄弟之间的分歧，他们的合作关系于1948年解除。他们不和的原因从来没有完全弄清楚，有说法是，阿道夫在20世纪40年代初发现他的兄弟与他的妻子卡特（Käthe）有染，[11]达斯勒兄弟的员工被要求选择他们想为谁工作。大部分销售和促销人员会选择销售人员鲁道夫，而技术人员则会选择鞋匠阿道夫。在达斯勒的一家工厂里，鲁道夫建立了后来的彪马公司。在另一篇文章中，阿道夫和卡特着手创建了阿迪达斯。此后，兄弟俩的激烈竞争被引入商业领域，推动着运动鞋的发展达到新的高度。

阿道夫的方法体现在20世纪40年代末阿迪达斯使用的口号中："做最好的运动员!"作为一个充满热情的业余爱好者，他一生都热衷于各种体育运动。很多人说，他对运动很着迷。他还要对制鞋工艺有详细的了解，20世纪30年代他曾在皮尔马森斯著名的西德舒法赫[Schubfachschule（德文）]学院学习。通过运用他在设计、矫形、材料和制造方面学到的知识，他试图为各种运动的参与者制作出最好的鞋子。运动员们被问及他们的需求，并被邀请测试新的设计。为了追求边际收益，阿道夫对材料、图案和生产方法进行了试验。1969年，《体育

图3.12　训练鞋，阿迪达斯广告，1951年

画报》（*Sports Illustrated*）的一名记者这样描述他："他头脑敏捷，但相当害羞，比起公司账本上的数字，他在床头柜的本子上记录的创意更让人满意。"这是一种将运动员对更好表现的追求与工程学结合起来的方法。鞋被设想为一种技术设备，就像汽车的部件一样，被视为一种几乎可以无限改进的技术。[12]

阿道夫在1949年夏天出版的一份型录中概述了他的原则。"作为一家运动鞋制造商，"他写道，"我认为与运动员保持不断的联系尤为重要。从他们身上吸取的教训为我的工作指明了方向。"他承诺，将与西德田径运动的负责人不断合作，以确保阿迪达斯的鞋始终是最新的。而且，尽管战后获得特殊皮革有很大的困难，但它们将始终是最好的。他在田径比赛中帮助运动员的照片表明，他积极参与运动员们的活动。1948年，几乎所有西德顶级运动员都穿着他的鞋，这被认为是他们优越性的证明。他的方法和对运动的热情需要他有一个高度专业化的品类来支撑。1950年，阿迪达斯推出了7种足球鞋、2种田径鞋、2种手球鞋、5种溜冰鞋、4种训练鞋，以及曲棍球鞋、拳击鞋、摔跤鞋、自行车鞋、击剑鞋、篮球鞋和网球鞋等。它们被定位为功能性装备，旨在实现更好的运动表现。[13]

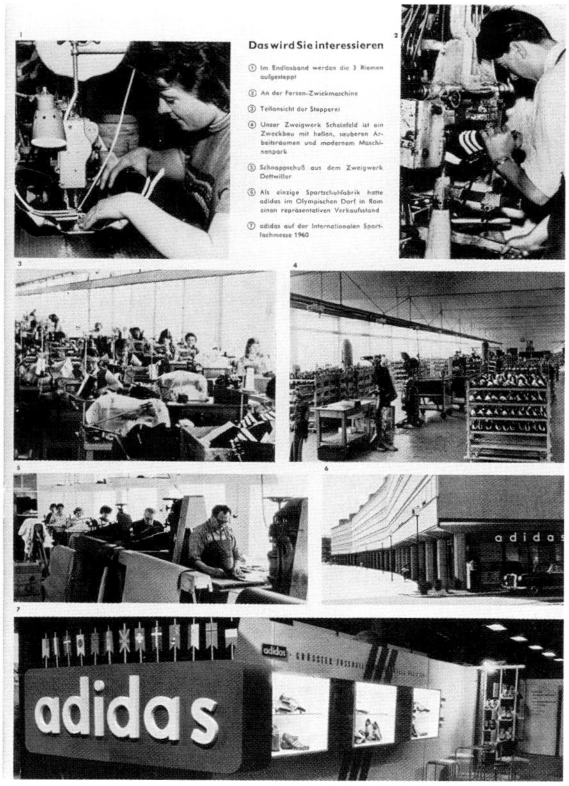

图3.13 阿迪达斯鞋的生产和营销，1960年

正如公司名称所示，阿道夫·达斯勒体育成立的目的是生产运动鞋。它不受任何特定材料或制造工艺的约束。相反，阿道夫追求的是他认为最合适、最可行的运动需求解决方案。阿迪达斯的鞋子都是经过精心设计的，以确保非常合脚。它们是由精致而轻便的皮革制成，这种昂贵的材料提供了更强有力的支撑，比其他制造商使用的帆布更好地保持了形状。他们采用了获得专利的塑料鞋跟和高强度的橡胶材料，可以将脚牢牢固定在合适的位置，接缝设计可以避免摩擦，透气面料可以让脚呼吸。鞋底是通过各种方法附着的，由各种皮革、橡胶和塑料制成。也许最重要的是，阿迪达斯利用了西德更广泛的技术和工业的专业知识，并将其应用于运动鞋。西德化学公司自19世纪以来一直引领世界，并在20世纪40年代率先生产合成橡胶和油基塑料，它们的复苏和重新繁荣是西德战后经济复兴的重要组成部分。[14]阿迪达斯是新材料的早期采用者，并使用了一系列合成化合物和塑料，这些材料最终几乎完全改变了运动鞋的外观。该公司也是第一批使用该制造方法的公司之一。这些方法在“二战”后改变了整个制鞋行业，最显著的是使用黏合剂连接鞋底。后来，完全演变成了成型底。随着公司的发展，自动化生产机械应运而生。公司在制鞋方法中灵活的创造性为

图3.14　训练鞋，阿迪达斯产品型录，1960年

消费者带来了真正意义上的变化和实实在在的利益。

在20世纪50年代和60年代，阿迪达斯的运动鞋发展迅速（彪马的鞋也是如此，它紧随其竞争对手）。每个款型都在不断更新，主打款每隔几年就会被新的款型所取代。据《体育画报》估计，在1964年—1968年的奥运会期间，阿迪达斯对其顶级系列的运动鞋做了132次改动。[15]它有“皮革鞋垫、皮革中底、9毫米轻质橡胶鞋底、脚趾和脚跟保护、专利后跟加强筋”。被描述为高质量，非常耐用，具有强抓地力。[16]在设计中，阿道夫尽力避开帆布鞋常用的德比和牛津风格。相反，Ass系列的鞋面从脚面延伸到鞋跟，这种设计在专业带钉的跑步鞋上更为常见。1956年，该公司又推出了与之类似的“未来鞋”，该公司称这款鞋为“未来的训练鞋”。它由蓝色镶边的白色皮革、真皮中底和12毫米的绉胶质外底组成，有一个矫形鞋底，“支撑足弓，防止疲劳，并提高性能”。阿迪达斯称这对过度劳累的运动员的脚部有决定性改善。[17]在1960年罗马奥运会之前，这些款型被意大利罗马等地的新款所取代，它们是在一种新的流线型的鞋楦上制成的。罗马鞋的鞋面是白色的麋鹿皮革，上面有蓝色的条纹，而白色和绿色相间的来自意大利的新款鞋面是用柔软、轻便的澳大利亚袋鼠皮革制成的。这两款鞋都

有一个加固的鞋跟支架和一个拱形支撑，创新的橡胶鞋头保护结构以及阿迪达斯所宣称的“奥林匹亚魔术地毯般柔软的鞋底”。[18]而后取而代之的是“奥林匹克”，这是一款“新型透明橡胶鞋底”“足形鞋舌和内置拱”“软垫足跟”和“袋鼠皮垫面”的款式，被称为“东京奥运会的亮点”。[19]1965年，“奥林匹克”被“羚羊”取代。这款鞋有红、蓝两种颜色，是“专为顶级运动员设计的新型特制鞋”。它的鞋底采用了与东京64号鞋相同的材料，这款鞋是获得金牌的短跑运动员所穿的长钉鞋，被宣传为“世界上最快的鞋”。[20]阿迪达斯推出新产品的速度非常快，尽管在一定程度上受到了与彪马竞争的推动，但这与该行业其他领域缺乏创新形成了鲜明对比。

图3.15 （上图）训练鞋，阿迪达斯产品型录，1968年

图3.16 （对页图）1956年墨尔本奥运会，美国跨栏运动员乔希・卡尔布雷斯（Josh Culbreath）、格伦・戴维斯(Glenn Davis)和埃迪・萨瑟恩（Eddie Southern）站在阿迪达斯的领奖台上

阿道夫最重要的举措之一是决定将阿迪达斯的鞋品牌形象设计为三条与众不同的条纹。在此之前，运动鞋的颜色都是统一的，通常是黑色或白色。对于一个没有受过训练的人来说，制造商之间的差异是很难察觉的，也很难分辨出某个运动员穿的是谁家的鞋子。但这种情况在战后发生了改变。阿迪达斯喜欢用条纹作为品牌形象，这实际上是一种聪明的营销手段，让阿迪达斯的鞋子在芸芸众鞋之中一眼就能被认出来。战后，体育运动的覆盖面增加了。1960年的

U.S.A.
U.S.A.
1
3
2

罗马奥运会是第一次向全世界观众转播的奥运会；1964年东京奥运会是首次使用卫星转播的奥运会。据估计，1966年世界杯足球赛决赛有4亿观众，到1970年这个数字翻了一番。报纸、杂志和电视上顶级体育赛事的图片将阿迪达斯品牌传播到全世界，并巩固了该公司与顶级运动员的联系。1956年墨尔本奥运会后，《生活》杂志发表了一篇照片文章，展示了几位穿着阿迪达斯的美国奖牌得主，包括封面明星、100米冠军鲍比·莫罗（Bobby Morrow）。1966年世界杯足球赛最著名的画面之一是英格兰在四分之一决赛中对阵阿根廷时，杰夫·赫斯特（Geoff Hurst）在进球后兴奋地跳起来。在这个镜头中赫斯特的大部分身体都在镜头之外，只有他的阿迪达斯靴子在镜头之中。对此大受刺激的竞争对手推出了大量受惠于阿迪达斯和彪马条纹的品牌装备。而这些仿制品证明了原作在创造大量销售方面的有效性。三道条纹（以及彪马类似的弧形"条带"）将体育新闻转变为免费广告。[21]

图3.17　杰夫·赫斯特的阿迪达斯靴子，1966年世界杯足球赛

通过不懈的创新，对高品质制造的执着，以及对运动员需求的敏感，阿道夫建立的企业取得了成功。该公司的鞋深受职业运动员或顶级运动员的欢迎。阿迪达斯称，在1960年，75%的奥运会运动员穿着他们的运动鞋参加比赛，到

1964年，这个数字上升到80%，到1968年，这个数字上升到85%。在1966年世界杯足球赛中，75%的球员穿着阿迪达斯球鞋，决赛中穿着人数达到20人。[22]到20世纪60年代中期，许多国际运动员都穿着阿迪达斯或彪马生产的鞋，这两家公司几乎完全主导了足球和田径运动，并在网球、篮球、棒球和美式橄榄球方面表现突出。这种几乎无处不在的现象是通过将业余体育的管理规则扩展到接近极限而实现的。阿迪达斯为许多顶级运动员提供运动鞋，阿道夫从20世纪30年代开始就一直采用这一策略。在1956年墨尔本奥运会上，阿道夫20岁的儿子霍斯特（Horst）向有望获得奖牌的运动员分发鞋子，据说还贿赂海关官员，以拖延彪马产品的到达。[23]这些肮脏伎俩也许是不必要的，彪马的鞋一般也没那么受重视，如果要在免费的彪马鞋和免费的阿迪达斯鞋之间做出选择，许多顶级运动员会选择后者。在绝望中，彪马开始付钱给专业和业余体育明星穿他们的产品，而对此阿迪达斯也适时地做出了回应。在20世纪60年代，两家公司为了让顶级运动员们穿着他们的鞋子，建立了一套私下支付的制度。据估计，在1968年墨西哥城奥运会上，他们捐赠了约10万美元和价值35万美元的装备。据说阿迪达斯在奥运会那一年要送出大约3万双鞋。[24]

图3.18　阿迪达斯宣传亭，罗马奥运会，1960年

* * *

阿迪达斯和彪马利用他们与顶级运动员的联系，在那些不那么出色的运动员组成的大众市场中制造欲望，这是19世纪末期以来体育用品制造商们一直使用的一种经过反复试验的方法。然而，阿道夫·达斯勒在战后的成功，以及他创造的鞋子，在很大程度上归功于鞋类和体育用品行业以外的社会变化。阿迪达斯在当时国家赞助的体育运动和健身运动的支持下成长起来。这些改变了人们对运动的看法，为各类运动鞋创造了广阔的市场。

西德政府参与体育运动的历史可以追溯到19世纪早期，政府对身体健康的重视尤为强烈。[25]在第二次世界大战后的几十年里，联邦共和国在实施大众体育项目方面领先欧洲，并为大众消费体育相关产品创造了必要的条件。然而，在20世纪40年代末，德意志体育协会（Deutscher Sportbund DSB）成为联邦共和国87000个自愿体育俱乐部的保护组织。DSB采取了一种包容性的政策，作为一种重建体育声誉的手段，DSB的附属俱乐部向社会所有阶层开放，引入并鼓励不同形式的体育娱乐活动。于是，人们开始努力说服公众，并让他们认识到定

图3.19　健身小道，林地越野，西德，1975年

期锻炼的好处。1959年，它发起了“全民运动”的运动，该运动概述了大众体育对社会和个人的积极影响，并在西德广大地区推广了一系列的体育活动。[26]然而，在20世纪60年代末，西德的医疗保险公司警告说，这个国家建立经济奇迹的新生代们的身体健康开始让人担忧了，有三分之一的男性和百分之四十的女性超重。[27]于是DSB开展了一系列广泛的“运动，我赢定了！”的运动作为回应，鼓励开展各种体育活动，作为改善公众健康的一种方式。电视广告、宣传片、小册子、活动和其他宣传材料都试图说服西德人进行有规律的锻炼。[28]从1960年开始，德意志奥林匹克协会开始了一项为期15年的计划，以克服战后存在的设施短缺。它带来了170亿马克（原芬兰货币）的建设项目，使联邦共和国的运动场和体育馆数量增加了一倍多。[29]作为20世纪70年代推动健身运动的一部分，西德各地的地方政府在林地和公园里设立了可向公众开放的健身跑道和健身小道。这些户外健身场所是向公众开放的，所有的跑道均设有指示牌和各种物理健身器材。DSB和德意志奥林匹克协会的倡议对奥运会的参与率产生了明显的影响。从1960年到1980年，DSB下属的体育俱乐部的会员从约300万人增加到1700万人左右，或从占人口的6.7%到占人口的27.6%。更多的人在非正式的

图3.20 Adria休闲鞋，阿迪达斯室传单（西德），1972年

基础上享受体育运动或体育娱乐活动。随着20世纪60年代收入的增加和休闲社会的到来，许多西德人热情地拥抱了更广泛的体育活动。[30]

大众体育提供了一种从投资中进一步提取商业价值的产品创新方式和技术。阿道夫保证他的产品是最新的，以及随之而来的高配款的快速更替。从职业体育的角度来看，这意味着阿迪达斯积累了大量生产产品的设计和专业知识，以及很快就被认为是过季的产品。然而，在当时被视为过季的鞋子仍然可以被正常使用，它足以满足需求较低的运动员。随着参与率的上升，阿迪达斯开始吸引更多的消费者，比起单纯的竞技表现，他们更关注体能和健康。在20世纪70年代，平底、多用途的休闲鞋和运动鞋变得越来越重要。这家公司开始大量生产简易版的各种型号、材料、颜色和不同的鞋底，创造出所需的多样性，以适应不同的活动和消费者。作为人造物品，他们重新启用了20世纪50年代到60年代的技术。后来为奥运会选手设计的鞋子卖给了入门级运动员和不那么富裕的运动员。到1972年，阿迪达斯的产品目录中包括了19种不同的训练鞋，1种便宜的帆布鞋和橡胶的亚德里亚（Adria）鞋。据说这种鞋适合“度假、休闲和野营”。款式名称反映了人们对阿迪达斯运动鞋穿着方式的看法。除了那些让人联想到速度（羚羊款式）、成就（记录款式）和体育赛事（奥林匹克款式）的名称，一个个新的（休闲）系列出现了，引入了让人想起假期和休闲娱乐的名称：塔希提岛，迈阿密，里维埃拉，萨瓦恩草原。20世纪70年代末，公司最畅销的型号之一是一款名为烟草的造型简单的休闲鞋，有棕色和米色两种颜色。[31]

* * *

西德体育政策的影响在整个欧洲都能感受到，国家体育运动和其他举措为后来其他国家采用的类似项目提供了模式。关注身体健康的不仅仅是欧洲各国政府。美国联邦政府也发起提高运动水平的活动。对美国年轻人身体健康的担忧最早出现在20世纪50年代中期，当时汉斯·克劳斯（Hans Kraus）博士认为，战后安逸的生活正在削弱美国儿童的体质。他的研究促使1956年总统青年健康委员会的成立，该委员会被要求对美国公众进行关于健康的教育。在约翰·F.肯尼迪（John F. Kennedy）的领导下，这些努力得到了加强。他在就职前不久发表在《体育画报》上的一篇题为《虚弱的美国人》（*The Soft American*）的文章中，概述了他对民众身体健康的渴望，并将其作为他的政府的一个标志性特征。在他的指导下，更名为总统健身委员会的组织开始发布健身信息，并向学校和社区提供技术建议。一系列畅销的小册子提出了可能的锻炼方式，全国性的电视和广播宣传活动提高了人们的认识。肯尼迪遇刺后，林登·约翰逊（Lyndon Johnson）和他的继任者继续实施与这些类似的计划，并加大了对体育运动参与的重视。大量的美国人参与进来，为20世纪70年代和80年代的健身时尚与繁荣铺平了道路。[32]

正如英国和西德一样，运动参与率的上升对运动鞋制造商来说是一件好事。然而，美国的生产商一直受到竞争的保护，而这种竞争刺激了他们的英国同行。20世纪30年代初，橡胶公司为反对进口廉价鞋而进行游说。1933年，美国胡佛（Hoover）总统发布行政命令，大幅提高了橡胶鞋底和织物鞋面鞋的进口关税。其结果是进口急剧减少，使美国制造商们在国内市场上享有共同的垄断地位。也许正因如此，美国橡胶、匡威和B. F. 古德里奇公司生产的橡胶底帆布运动鞋在30多年的时间里几乎没有改变。匡威全明星鞋是20世纪50～60年代最畅销的运动鞋，但在1936年奥运会推出白色款后，它几乎没有什么变化。该设计可追溯到1917年，当时该款式被引入。像这样的鞋子是作为一般用途的运动鞋，但也作为休闲和学校鞋，尤其是面向儿童和青少年。到了20世纪60年代，他们已成为超越几代人的美国偶像。此时美国联邦政府对身体健康的日益重视创造了一个多用途运动鞋的市场，帆布运动鞋似乎很适合此时的市场。P. F. Flyers品牌的所有者B. F. 古德里奇公司的高管注意到，帆布运动鞋的市场份额在1958～1964年间翻了一番。1964年，美国的运动鞋销量为1.03亿双，预计到1970年将达到1.463亿双。之后该公司又投资了可以用更少的工人生产旧设计的机器，而不是一个成功的新设计。[33]

图3.21　匡威篮球年鉴，1965年

美国市场在1964年随着蓝带体育公司（Blue Ribbon Sports）的到来开始转变。[34]这是一家由菲尔・奈特（Phil Knight）和比尔・鲍尔曼（Bill Bowerman）建立的进口企业。奈特是一个20岁的年轻人，曾就读于斯坦福商学院和俄勒冈大学，比尔・鲍尔曼是他在俄勒冈州的前田径教练。它是由奈特在斯坦福大学写的一篇论文发展而来的，论文的题目是《日本运动鞋会影响西德运动鞋吗?日本相机会影响西德相机吗?》。作为20世纪50年代末的一名大学生运动员，他想起，穿着美国制造的运动鞋跑步5英里（1英里≈1.61千米）时，他的脚流血了。奈特知道西德鞋比美国制造的鞋更轻、更舒适，更适合训练，但他也发现高价格和分销不力限制了他们商业方面的成功。阿迪达斯是最富有、人脉最广、最专注田径运动员的公司。因此，奈特提出了在美国制造和销售运动鞋的美国分销商与日本制造商之间建立合作关系的可能性。通过模仿西德样板，就像日本相机制造商所做的那样，日本制造商可以制造出比美国橡胶公司的老旧设计更适合美国运动员需要的鞋。由于日本的劳动力成本较低，这些鞋子可以低于西德制造的价格进口并在美国销售。1962年，奈特到日本访问，并与日本领先的运动鞋制造商鬼冢（Onitsuka）公司建立了合作关系。该公司由鬼冢喜八郎（Kihachiro Onitsuka）于1949年创立。该公司生产了66种型号的篮球运动鞋，大

converse

1965 BASKETBALL YEARBOOK

44th Edition

图3.22　慢跑者，尤金（Eugene），俄勒冈州，1969年

部分是仿造美国的帆布、橡胶篮球运动鞋以及阿迪达斯的训练鞋，并在1964年为日本奥运代表队提供了运动鞋。像许多其他日本制造商一样，它渴望进入广阔的美国市场。1964年2月，奈特下了第一份订单，购买了300双价值1107美元的仿制的阿迪达斯训练鞋。从一开始，奈特就试图将他的鞋子定位为比西德制造的鞋子更便宜的替代品。这款日本运动鞋是在俄勒冈州的一场田径比赛上推出的，海报上写着：

日本挑战欧洲跑鞋的统治地位

日本人现在生产的平底鞋质量不亚于欧洲任何国家——轻、耐用和舒适。比尔·鲍尔曼称它为“一堆漂亮的鞋子”。由于日本人工成本低，价格仅为6.95美元。[35]

1966年，作为肯尼迪回合谈判的一部分，美国对橡胶鞋底鞋类的关税降低了（但没有取消）。外国制造商获得了增加他们在美国市场份额的机会。到了1969年，奈特宣称自己是仅次于阿迪达斯和彪马的“美国田径鞋市场第三大、最新的力量”。然而，蓝带体育公司在20世纪60年代的增长反映的不仅仅是贸易协定的转变和离岸制造业的诞生。这家公司经历了一场深刻影响美国体育运动的社会和文化变革。反主流文化释放出的个人主义与有组织的体育价值观发生了冲突，并与20世纪60年代越来越流行的非传统团队游戏的体育活动形式有关。出现在西海岸的反主流文化的精神家园的不断发展的亚文化，可能是这些变化最明显的表现。这可以追溯到比尔・鲍尔曼，他在1962年发现新西兰奥林匹克田径教练阿瑟・利迪亚德（Arthur Lydiard）开发了一套以温和长跑为基础的训练制度。利迪亚德的思想更广泛地传播给了新西兰的公众，他们中的许多人接受了利迪亚德的技术，将更广为人知的慢跑作为一种娱乐和社交锻炼形式。鲍尔曼回到俄勒冈州尤金后，在当地建立了类似的慢跑俱乐部，并鼓励非运动员去跑步，把跑步作为一种简单易行且不昂贵的健身方式。1967年，他与人合著了一本跑步畅销书《慢跑指南》（*Guide to Jogging*）。他的思想随着近十年的发展而传播开来。1968年，慢跑引起了《生活》杂志的关注，该杂志质疑它所谓的“随处可去的运动”能否成功。然而，该杂志也开玩笑地说，“这个国家到处都是秘密慢跑者，这是一支庞大的地下军队。”20世纪70年代，随着美国社会越来越注重健康和形象，越来越多的人开始慢跑。据估计，从1972年到1977年，有1500万美国人开始慢跑。[36]

蓝带体育被紧密地编织在正在运行的亚文化的结构中。创办这家公司的那一小部分人是曾经与鲍尔曼一起训练过的大学运动员。正如奈特在1979年所说：“我们这里大部分都是跑步者，这是我们最喜欢和最擅长的。”这种亲密关系让他们了解了运动员对鞋的要求，就像阿道夫与西德体育精英合作，蓝带体育与美国跑步者密切合作一样。鲍尔曼长期以来一直痴迷于为他的运动员生产尽可能轻的鞋。他学习了修补技术，试验了材料，并把他的田径队作为“小白鼠”来测试他手工制作的鞋子。在20世纪50年代，他试图引起美国制造商对他的想法的兴趣，但没有成功。20世纪60年代，鬼冢生产了其中一些创意。Cortez（阿甘鞋）是一款在1968年推出的畅销的皮质平底鞋，配有泡沫中底。在这款鞋中，他将两种鬼冢款式中的他认为最好的两个特点合二为一，形成了新的款式。尼龙鞋面是鬼冢将日本开发的泡沫尼龙材料作为皮革的替代品，用于寒冷天气

图3.23 （左上图）Cortez跑鞋，耐克广告，1973年

图3.24 （右上图）《跑步者世界》，1973年

的靴子原型成型后推出的。蓝带体育的选手们喜欢这种轻便、快干的材料，并要求无须修改就投入生产。奈特和另一些人在西海岸的跑步活动中出售鞋子。蓝带体育在加利福尼亚州的圣莫尼卡和俄勒冈州尤金的商店为跑步者提供了一个非正式的聚会场所，公司还在低发行量、小众的跑步杂志上宣传其早期的邮购业务。在1973年接受《跑步者世界》（*Runner's World*）采访时，鲍尔曼的另一名运动员、蓝带体育员工杰夫·霍利斯特（Geoff Hollister）解释说："在附近修鞋店的帮助下，我专门为当地的各种跑步者制作了跑鞋。"他建立了一个测试中心，在那里他得到了运动员的快速反馈，并立即做出更正。蓝带体育与客户之间的密切关系使其能够直接回应跑步者的需求。美国和西德的跑步者不同，西德跑步者使用DSB计划中树木繁茂的乡村小路，而美国的跑步者则倾向于在沥青路面上跑步。他们要求或者首选提供高度缓冲的鞋子。阿迪达斯和彪马运动鞋主要是为西德健身市场设计的，它们不需要，或者没有美国人喜欢的那种软底鞋。随着跑步越来越受欢迎，蓝带体育开始繁荣起来。[37]

* * *

到了20世纪70年代中期，专业运动鞋已经广泛普及。早期的帆布橡胶鞋，至少从体育的角度来看，已经成为历史。在《纽约时报》上，一篇怀旧的“讣告”称，这款帆布运动鞋是逝去的美国文化的一部分，与《生活》杂志、敞篷车和客运火车一样，已经一去不复返了。这是一种“方便鞋”，当没有更好的鞋子时可以穿。对格雷格·唐纳森来说，他年轻时令人愉快的普通帆布鞋已经消失在夕阳中，或者说就好像是诺曼·洛克威尔（Norman Rockwell）的画，被画在一个长着雀斑和火红头发的孩子的车把上。来自新材料、制造工艺和国际贸易的挑战，以及体育观念的改变导致了战前运动鞋的消亡和比其更华丽、更高技术的后继者的崛起。然而从根本上说，它们是西方日益富裕的标志，经过政府的大力宣传，那些健康状况不佳的人们被鼓励参加体育活动。如果没有大众参与体育运动，运动鞋产业不可能以这样的方式发展。[38]

在西德和美国，新的设计灵感来自对体育的不同态度，以及不同活动的流行程度。在英国，来自低价进口商品的竞争促使人们将运动鞋视为一种技术先进的现代产品，而在西德，运动鞋的发展被视为战后复兴话语权的一部分。由于大型橡胶公司的主导地位和贸易保护主义政策，美国在这方面的创新停滞不前，但不断变化的运动鞋市场也反映了日本制造业的实力和成熟度。这些来自不同国家的产品线结合在一起，创造出了外观和手感都不同于战前的新款鞋子。随着这些新鞋进入市场，它们被时尚主流所吸收。然而，当它们超越体育领域时，其多样性意味着它们积累了一定程度的特定含义和文化联想。关于运动鞋的想法开始起航。

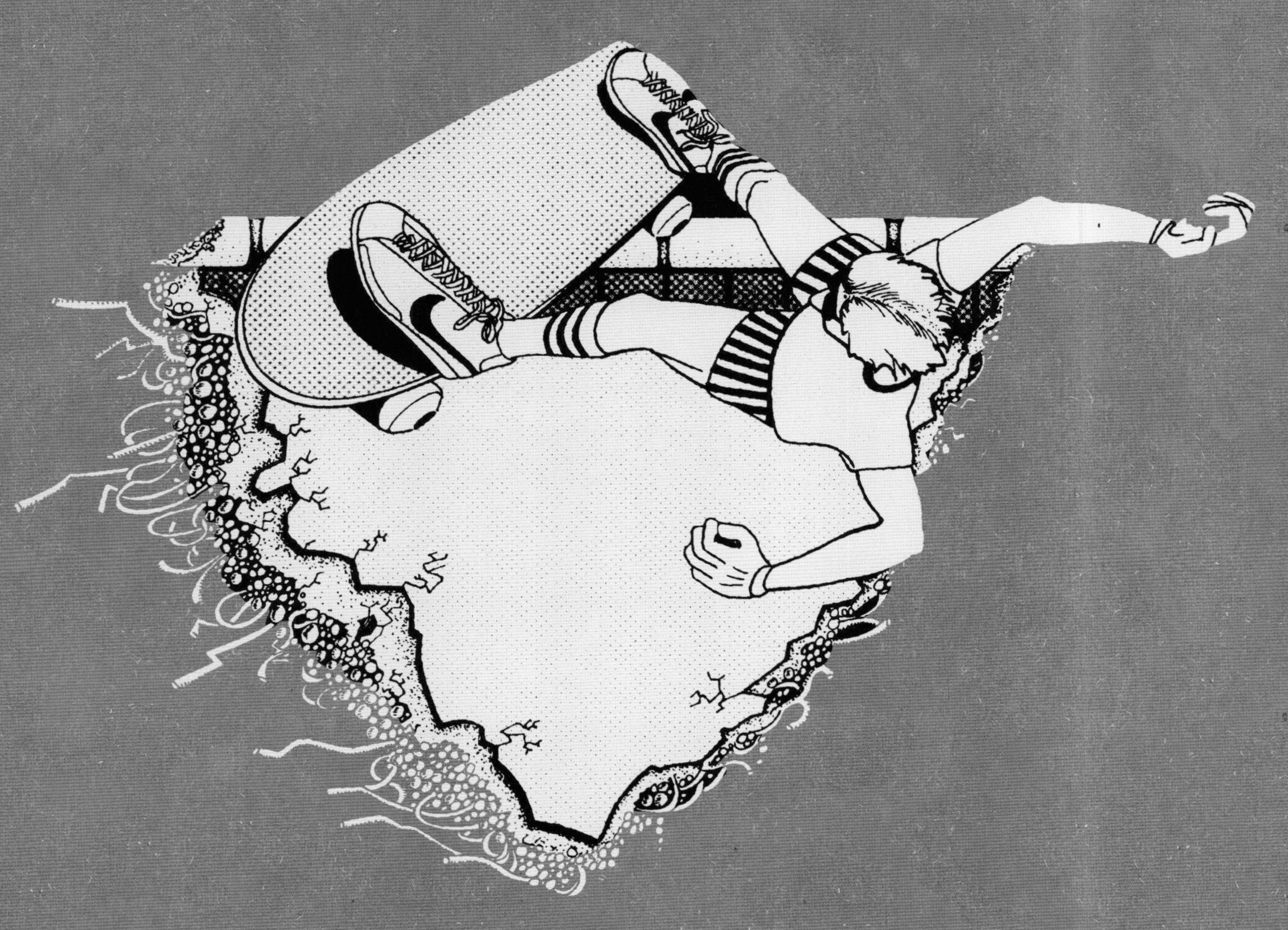

第4章

滑板运动和重新被设计的运动鞋

1964年5月，美国杂志《体育画报》报道了影响体育用品行业的最新趋势。该杂志认为，滑板是冲浪板的一个小表弟，看起来像一个带轮子的熨衣板，是很长一段时间以来南加州街头最古怪的新时尚。玩滑板就像在潮湿的人行道上沿着香蕉皮滑行。尽管如此，其销售额仍在上升。一时间滑板风靡全国。随着几家公司一时兴起进入这个行业，这种充满活力、年轻的消遣方式的流行堪比20世纪50年代末的呼啦圈。[1]

滑板作为一种体育活动，对鞋有特殊的要求。鞋子需要适合滑板者操纵滑板，保护他或她的脚，并在频繁的碰撞和擦伤中生存。理想的滑板鞋应该轻便、灵活、耐磨，而且在脚与滑板之间出现的介质很少。然而，滑板鞋就是在这样的鞋已经存在的世界里发展起来。人们更多地参与体育运动，以及战后富裕的悠闲生活方式显示，到了20世纪60年代中期，各种休闲的、越来越精致的运动鞋在美国和欧洲的国家和地区随处可见。几乎所有的运动鞋都可以当作简易的滑板鞋。然而，在接下来的30年里，滑板鞋逐渐成为运动鞋市场中一个可识别的细分市场。这暂时没有引起主要的专业运动鞋生产商的特别注意。滑板鞋是更为普通的鞋类生产商和滑板者之间合作的结果，他们一起重新思考和调整现有的产品和生产技术，以满足滑板的需求。

* * *

最早的滑板都是自制的精巧装置，用坏了的轮滑鞋和捡来的木头临时拼凑而成，供美国孩子们玩。在20世纪50年代末，商业上制造的基础板开始出现。随后更复杂的冲浪板出现在加州，那里的冲浪者把滑板作为模拟陆地冲浪的工具。拉里·史蒂文森（Larry Stevenson）是圣莫尼卡的冲浪爱好者，1963年，他开始在加州、纽约、迈阿密和圣路易斯的体育用品和百货商店销售马卡哈（Makaha）滑板，并通过他的杂志《冲浪指南》（*Surf Guide*）进行推广。大众对冲浪文化的热情和滑板的推广使滑板运动成为主流。1965年，Vita-Pakt Juice公司收购了一家轮滑制造厂家，该公司的一名高管注意到海滩上有人玩滑板，于是该公司推出了一款由冲浪者霍比·奥尔特（Hobie Alter）代言的滑板。不久，

图4.1 纽约的玩滑板者，1965年

这家公司就接到了平均每天大约两万板的订单。1965年，它的销量超过了600万。同年3月，《纽约时报》报道称，滑板在12～15岁年龄段的年轻人中变得越来越流行。据称，三年内就卖出了5000万个滑板。在20世纪60年代，由于滑板的普及，数以百万计的美国儿童和青少年开始玩滑板。[2]

对于第一波玩滑板的大多数人来说，滑板运动并不需要特殊的鞋子。大多数玩滑板的年轻冒险者都穿着平常的鞋子，就像他们在其他好玩的活动中穿的一样。这通常意味着匡威、美国橡胶公司和其他美国制造商将会生产大量的廉价橡胶底帆布滑板运动鞋，尽管这些鞋最初是篮球和网球鞋。到了20世纪50年代，它们仍然是美国男孩鞋柜里的主要单品，当然也有女孩的。1962年，《纽约时报》宣布运动鞋是少年进入成熟的象征。1966年，一项调查的结果公布，运动鞋在纽约公立学校的男孩中很受欢迎。当知名摄影师比尔·埃普里奇（Bill Eppridge）在曼哈顿为《生活》杂志拍摄滑板运动员的照片时，几乎所有被他拍到的人都穿着高帮篮球运动鞋，这并不令人意外。同样，在1965年5月，卫斯理大学、阿默斯特学院和威廉姆斯大学的学生参加了一场轻松愉快的滑板比赛，报告指出，他们穿着旧的运动鞋。灵活的鞋面和薄而平的鞋底使运动鞋既适合

Wesleyan

滑板，也适合其他体育运动，而它们相对较低的成本和现成的可用性意味着它们很容易被替换。但对于在20世纪60年代尝试滑板的大多数人来说，这样的鞋已经足够了。[3]

对于更认真或更投入的玩滑板者来说，如那些受雇于专业表演团队的人，鞋子是一个更大的问题。有些人甚至质疑是否有必要穿鞋，认为鞋是脚和滑板之间的障碍。对于冲浪者来说，能够感觉和控制冲浪板是至关重要的。许多冲浪爱好者都是光着脚玩滑板的，而加州温暖的气候让这种选择变得更加容易实现。在诺埃尔·布莱克（Noel Black）1965年获得奥斯卡提名、金棕榈奖的短片《滑板速配》（*Skaterdater*）中，一群顶尖的滑板手赤脚滑行在加州南部的郊区，表演特技，通常都是恶作剧。只有当其中一个人为了和一个女孩在一起而放弃了滑板时，他才会穿上一双橡胶底的运动鞋。许多在1964年和1965年出现在冲浪者出版物《滑板季刊》（*The Quarterly Skateboarder*）[后来被称为《滑板杂志》（*Skateboarder Magazine*）]和《生活》上的加州滑板精英也都是赤脚的。然而，这并不是一个普遍的选择，许多其他的顶尖滑板运动员是穿鞋的，是为了防止出现被《生活》杂志称为在滑板爱好者中常见的刮伤脚趾的现象。1965年，在阿纳海姆举办的第一届国际滑板锦标赛上，几位选手穿着帆布鞋参加比赛。大

图4.2 （对页图）在卫斯理大学校际滑板锦标赛上的滑板运动员，1965年

图4.3 （下图）纽约郊区玩滑板的青少年，1965年

图4.4 （左图）国际滑板锦标赛，加利福尼亚州阿纳海姆，1965年

图4.5 （对页图）兰迪720滑板鞋，蓝道夫橡胶广告，1965年

多数人选择了橡胶底的扁头帆布牛津鞋，这是一种经典的设计，从20世纪初开始就被用于网球和划船项目，但它早已被广泛使用。所有的大型橡胶公司都生产了同一个版本，而加州温暖的天气和轻松的体育文化氛围意味着它们随处可见。与高帮篮球运动鞋一样，它们的平坦橡胶鞋底和低而灵活的帆布鞋面意味着它们非常适合滑板者的需求。[4]

尽管他们生产的鞋受到滑板爱好者的欢迎，但在20世纪60年代，主宰美国运动鞋市场的橡胶公司在很大程度上还是忽视了滑板运动。唯一注意到这一点的公司是蓝道夫橡胶公司（Randolph Rubber），这是一家在马萨诸塞州和加利福尼亚州设有工厂的鞋类制造商。1965年，公司推出了Randy720，这是一款直接针对滑板者的款式。新鞋是一种扁头橡胶底牛津鞋，有“军用帆布”鞋面，鞋面材料是厚厚的白色帆布，和一个独特的有红蓝相间的橡胶鞋底。它有白色、海军蓝和深橄榄绿三种颜色可供选择。这个名字来源于当时一个流行的小技术：720°旋转。蓝道夫得到了全国滑板锦标赛的支持，这是一个新成立的组织，致力于将滑板作为一项运动来推广，这使Randy720成为它的官方运动鞋。《滑板杂志》上的一则广告中显示，该公司对这个新款进行了高调的宣传：“如今滑板性

NSC
THE OFFICIAL SNEAKER OF THE NATIONAL SKATEBOARD CHAMPIONSHIPS INC.
5
FOR SIDEWALK SURFING . . .
Randy "720"
SKATEBOARDER Sneaker
WITH TUFF TOE 'N HEEL MADE WITH RANDYPRENE® FOR BUILT IN TUFFNESS
Today's increased performance on Skateboards makes "TUFFER" demands on sneakers than ever before. That's why we're making our outsole "TUFFER" with the all new Randy compound . . . *RANDYPRENE®, designed with the new Tuff Toe 'N Heel guaranteed to withstand the TUFF treatment given by the Skateboarder. Made by Randy's skilled shoemakers, with army duck uppers, arch cushioned insole, and steel shank for extra foot comfort. For men, boys and youths in white, navy and loden green.
*TUFF TOE 'N HEEL . . . A Randy exclusive . . . made with RANDYPRENE® . . . a combination of Shell Isoprene, the rubber with the built in TUFFNESS, a special compound . . . and Randy knowhow.
QUALITY BY Randy
Write in for name of nearest dealer . . . Dealer inquiries invited.
From coast to coast...
RANDOLPH MFG. CO., INC. • 32 South Main St. • Randolph, Mass.
RANDOLPH RUBBER CO. • 10631 Stanford St. • Garden Grove, Calif.

能的提高使得运动鞋比以往任何时候都有对‘TUFFER’（耐磨橡胶技术）的需求。这就是为什么我们正在制作我们带有‘TUFFER’技术的外底时，设计了新的从前掌到后跟的结构，这保证了鞋底可以经受住在运动中来自滑板的摩擦受力。”据该公司称，这款鞋是专为“人行道冲浪”设计的。[5]

蓝道夫瞄准的是少数认真的和有竞争力的滑板爱好者，而不是大多数人，因为对于他们来说，滑板只是一项年轻的游戏。经过广告宣传，Randy720通过各地冲浪和海洋用品专卖店进行销售，但只取得了有限的成功。这款鞋曾出现在1965年阿纳海姆锦标赛的照片中，还有一次出现在《滑板杂志》的封面上，但更多的时候它是出现在官员的脚上，而不是选手的。在东南湾滑板队1965年拍摄的一张照片中，只有一名队员穿着蓝道夫特有的红蓝鞋底。其余的人则穿着甲板鞋或低帮篮球运动鞋。许多滑板运动员，包括Vita-Pakt组建的团队，都穿着与Randy720风格相似的鞋子，但无法判断它们是由蓝道夫还是其他制造商制造的。极有可能是因为大多数滑板者穿的鞋更容易买到。[6]

目前还不清楚是什么促使蓝道夫橡胶公司制作了一款专为滑板爱好者设计的鞋。该公司是美国第三大休闲鞋制造商，仅次于匡威和美国橡胶。正如《体育画报》所报道的，在20世纪60年代中期，滑板市场似乎对滑板相关产品的制造商有很大的销售愿景。由于生产基地位于南加州，公司高管们在20世纪60年代初已经意识到滑板的日益流行。蓝道夫在更大的竞争对手出现之前就进入了这个市场，并与似乎注定会塑造其未来的机构建立了联系，其或许希望自己与滑板运动的关系能像当时匡威与篮球的关系那样密切。通过生产一种专门的鞋款，让之可以与其他种类顶级的运动鞋相媲美。蓝道夫提出了一个挑战，滑板未来将作为一个年轻、时尚、流行的概念存在。或许更能说明问题的是，蓝道夫很乐于挖掘新奇事物，迎合一个时期内的大众口味。后来在20世纪60年代，类似的橡胶底板鞋被生产出来，以配合电视节目《蝙蝠侠》（*Batman*）和《太空飞鼠》（*Mighty Mouse*）。1965年，该公司在很短一段时间内对与冲浪运动员杜克·卡哈那莫库（Duke Kahanamoku）有关的阿罗哈印花（Aloha-print）板鞋进行了销售。Randy720或许只是利用年轻的加州人口味的又一次尝试。[7]

图4.6 典型的1960年的滑板鞋与霍比超级冲浪者滑板，Vita-Pakt广告，1965年

从材料或生产的角度来看，Randy720的制造商需要少量特殊材料。尽管这款鞋被宣传为滑板鞋，但从设计角度来说，它与该公司其他休闲风格的鞋几乎没有什么不同。抛开更坚固的材料不谈，它基本上与20世纪20年代以来生产的无数休闲鞋和网球鞋一样。此款鞋的硫化橡胶鞋底生产过程是整个行业已经使用了几十年的过程。它所需要的图案、模具和“兰迪专有技术”，甚至是特殊的“兰迪普伦”（Randyprene）鞋底，都可以适用于其他蓝道夫鞋款。Randy720与西德开发的专业运动鞋几乎没有相似之处。实际上，这是一种重新包装以吸引新市场的标准鞋。然而，通过这样做，蓝道夫实现了在穿着休闲鞋玩滑板的滑板者的行动基础上，加强巩固已经开始的对滑板装备的想象力的转变。

蓝道夫虽然试图迎合滑板者的需求，可收效甚微。在20世纪60年代，最专业的滑板运动员可以通过经验和实践来决定哪双鞋最适合他们的需求和情况，但大多数人满足于即兴创造出来的为其他体育和休闲活动生产的鞋。从Vita-Pakt的27英寸“霍比”（Hobie）玻璃纤维鞋款的广告中可以清楚地看出，对于应该穿什么并没有固定的观念。从照片上看，一块木板周围有七双脚：五双穿着破旧的帆布牛津鞋，一双穿着破旧的篮球运动鞋，还有一双光着脚。滑板鞋、篮球鞋和网球鞋的流行表明，人们在运动鞋的需求上有很多相似之处：滑板、帆船和网球运动员都需要轻便的鞋子，这些鞋子能够提供良好的抓地力。木制游艇甲板、篮球场和早期滑板的木制托板都可以进行比较与参考。[8]

图4.7 镭射滑板鞋，马卡哈广告，1978年

20世纪60年代中期的滑板热潮被证明是短暂的。到了1966年，滑板逐渐淡出人们的视野，因为立法禁止滑板者在城市街道上滑行，人们担心滑板的安全性，而且滑板便宜、不可靠，让新手望而却步。对许多人来说，尤其是那些身居要职或有影响力的人来说，滑板是一种公共威胁。滑板市场崩溃，制造商们纷纷出手相助。Vita-Pakt留下了价值400万美元的未售出设备，[9]Randy720消失了。如果其他大型鞋业公司曾希望开发滑板市场，那么这些希望很快就破灭了。然而滑板运动并没有完全消亡。整个20世纪60年代末，它是由一小撮冲浪者和专业的滑板运动员维持的。在远离主流关注的情况下，他们追求自己的爱好，而这些爱好是由少数小型制造商提供的。

* * *

到了1970年，美国的滑板市场已经萎缩到100万美元左右，这个数量只是60年代中期规模的百分之几。[10]1973年，随着聚氨酯滑板轮子的引入，滑板开始复兴。与20世纪60年代安装在木板上的硬钢或黏土车轮相比，软塑料提供了更好的抓地力和更平稳的行驶。最重要的是，它对新手很宽容，同时也可以让专业的运动员在以前几乎不可能的地形上滑行，例如，倾斜的地面、排水管，以及在加州一些空荡荡的游泳池。制造商们推出了重新设计的滑板和支架（安装轮子的轮轴），随着产品的改进，滑板运动本身也有了更大的可能性。滑板首先在加州，然后在全美的受欢迎程度急剧上升。到1975年，150家滑板制造商共赚得1亿美元。[11]1976年滑板的销售额预计为3亿美元，即1500万块滑板。[12]据估计，1977年和1978年两年间美国约有2000万滑板者。[13]滑板再一次繁荣起来。[14]

滑板的复兴受到专业杂志的跟踪报道和鼓励，这些杂志在定义滑板文化和将滑板传播给全球观众的主要途径方面发挥了重要作用。[15]其中最具影响力的是1975年6月推出的《滑板》（*Skateboarder*）。在一年内，它每期的销量约为12.5

RADIALS

Break the deck shoe barrier!

makaha

Designed for Skateboarding.

Tired of the old soft shoe? Now, you don't have to wear a remade sneaker or deck shoe anymore because Radials have done for the skater what Lange did for the skier. Skiers call it edge control and you can feel the difference because we've built Radials for skating instead of walking. Radials' unique sole configuration (Patent Pending) is designed to achieve the ultimate responsiveness with maximum body flow. You get a faster new feel for your board. Try the REAL skateboard shoe. You never had to do so little to be so radical.

Semi-rigid sole.

MAKAHA SPORTSWEAR

4353 Park Fortuna,
Calabasas, CA 91302

MAKAHA SPORTSWEAR INC.
4353 PARK FORTUNA
CALABASAS, CALIF. 91302

Please send me _____ pairs of Makaha Radial skateboard shoes.
Size: _______ Full sizes 4 thru 11 Half sizes 7½ thru 9½
Colors: ☐ Blue canvas ☐ Red canvas
Price: $19.95 Order ½ size larger than street shoe.

Please send me _____ ventilated Makaha long sleeve jerseys.
Size: _______ ☐ Youth 10-12 ☐ Youth 14-16 ☐ Men's Small
Price: $14.95 Colors: ☐ Blue/Gold
☐ Green/Gold ☐ Black/Gold

I have enclosed a check or money order for $__________
Send to:
NAME __________
ADDRESS __________
CITY __________ STATE __________ ZIP __________

Shoes, add $2.50 per pair for postage and handling. Allow approx. 3 to 4 weeks for delivery. Jerseys, add 75¢ each for postage and handling. Calif. residents add 6% sales tax.

万份，到了1978年，它的全球发行量约为50万份，估计读者人数为200万。[16]这本杂志是一个包含文学、摄影、采访、产品评论和广告的混合读物，正如一个英国零售商所描述的那样，“它充满了运动、色彩斑斓的事件和新闻”，让读者“接触到所有的最新、最前沿的讯息!”[17]它让一些加州滑板者成为明星，最著名的是Z-Boys。Z-Boys是一个与圣莫尼卡的Zephyr冲浪板商店有关联的民间组织，他们是这个杂志早期几篇文章的主题来源。[18]激进的、受冲浪启发的滑板风格对他们产生了巨大影响，同样他们的叛逆、反文化的态度以及对在空游泳池里滑板的偏好也对他们产生了巨大影响。到20世纪末，像斯泰西・佩拉塔（Stacy Peralta）、托尼・阿尔瓦（Tony Alva）和杰伊・亚当斯（Jay Adams）这样的前Z-Boys专业滑板手都在国际上享有盛誉，被认为是“这项运动的先锋”，并经常被视为标杆式的人物。[19]他们滑板的款式，他们穿的衣服和鞋子，他们的姿势，所有这些都可以在杂志上看到，这影响了世界各地的滑板运动员以及爱好者。

随着滑板相关设备市场的兴起，冲浪和滑板公司推出了一些针对滑板者的鞋。1976年，欢腾（Hang Ten）品牌为“第一双专为这项运动设计的鞋”做广告。尽管新款滑板鞋被保证是专为滑板爱好者设计的，但它还是由皮革制成，并有一个用钢质勾心加固的厚橡胶鞋底。看起来设计师似乎优先考虑了韧性而不是灵活性，而滑板者则需要感觉到脚下的滑板。尽管有广告的大量宣传，但这似乎是从别处借鉴来的一种款式，而制造商为了抓住一个新的市场，对其匆忙地进行了调整。马卡哈和霍比品牌的鞋子出现在1978年。马卡哈镭射鞋采用一种类似于耐克跑鞋的尼龙和绒面革鞋面，与一个圆形模塑的鞋底，以便运动员在板上运动。马卡哈的广告提出了一个熟悉的主张：“现在，你不必穿翻版的运动鞋或甲板鞋了，因为我们设计的镭射鞋是用来滑滑板而不是走路的。镭射鞋有独特的配置（专利待定），旨在实现身体流畅运动的最大限值。你会对你的冲浪板有一种更快的新感觉。试试真正的滑板鞋吧。”相比之下，霍比是一款橡胶底帆布高帮鞋，鞋舌标签上绣着“仅供滑板使用，不适用于其他活动”的警告。除了商标，亮蓝色的鞋面搭配有黄色和红色的装饰，霍比是类似于阿迪达斯、彪马和耐克的简单帆布鞋，所有这些都是为其他活动销售的。除了外形上的差异，它与耐克专为篮球和

图4.8 （左上图）滑板鞋，霍比广告，1978年

图4.9 （右上图）穿马卡哈镭射鞋的滑板运动员，丹佛，科罗拉多州，1978年

网球运动设计的All Court款式外观上几乎一模一样。[20]

欢腾、马卡哈和霍比的运动鞋反映出整个运动鞋行业的专业化趋势，并利用了日趋成熟的制造专业知识，尤其是在亚洲。到20世纪70年代初，日本、中国台湾和韩国的工厂提供了通用的运动鞋和运动鞋设计方案，这些设计方案可以进行修改，以满足批量购买的买家的想法。他们拥有生产传统胶底鞋和现代运动鞋所必需的机械设备，也渴望找到利润丰厚的出口市场，并善于将客户的想法转化为现实的鞋子。蓝带体育发现，亚洲的低劳动力和生产成本，以及低廉的运输成本，意味着鞋子可以在美国以消费者负担得起的价格出售，同时保证制造商的高利润率。新兴的滑板公司遵循了蓝带体育所采用的海上模式，对现有的设计进行即兴发挥，并对其进行调整，以适应客户的需求。普通的网球鞋、篮球鞋或训练鞋在经过一些小的改变之后，被重新命名为滑板鞋后进行销售，它们有更多的衬垫、更结实的橡胶化合物和更明亮的颜色。例如，霍比鞋是在中国台湾生产的，很可能是标准高帮运动鞋的翻版。后来的一款欢腾鞋几乎与耐克的款式一样。[21]在这样的背景下，模仿和抄袭很普遍，为不同品牌生产类似型号的产品是很常见的。

运动鞋行业的变化意味着第二代滑板者有了更广泛种类的鞋子可选择。《滑板》在1979年提出了鞋类的问题。道格·施耐德（Doug Schneider）写道，买一双新的“网球鞋”是“每个滑板者生活中最大的难题之一”。他指出，有一些“专门为滑板设计的鞋”，但也承认，“大多数知名鞋业公司，如阿迪达斯、匡威、耐克、彪马，都有几种款式适合滑板爱好者。”他建议顾客在购买时需要考虑价格、材料、鞋底的弹性和花纹。在最后的分析中，他敦促读者不要因为合脚买鞋，而是因为它适合你自己的风格和需要。“它们是你的脚——好好对待它们!”向年轻读者介绍滑板基础知识的系列指南的作者也提供了类似的建议。霍华德·赖瑟（Howard Reiser）推荐“没有鞋跟的橡胶底鞋或运动鞋”。拉瓦达·韦尔（Lavada Weir）建议穿“底部防滑的鞋子”。你不能让运动鞋适应你。如果你的脚踝需要更多的力量支撑，穿高帮运动鞋。艾德里安·鲍尔（Adrian Ball）告诉新手不要穿普通的鞋子或靴子，要穿帆布鞋，它们能提供良好的抓地力，或者穿现在流行的高帮系带的“训练鞋”，可以给脚踝一些保护。他还建议穿出海时穿的休闲鞋。格伦·本汀（Glenn Bunting）和伊芙·本汀（Eve Bunting）推荐穿网球鞋，只要系好鞋带就行。正如所有这些人所建议的，对于大多数滑板者来说，现成的鞋子就足够滑滑板了。[22]

电影和照片显示，与为其他运动设计的鞋相比，欢腾、马卡哈和霍比鞋在滑板爱好者中不太受欢迎。马卡哈和霍比的款式是一些加州的成绩优秀的专业滑板运动员穿的，他们很可能只是接受了品牌的赞助，因为在其他地方拍摄的照片中基本看不到他们穿着这样的鞋子。要么在加州以外很难找到，要么是普通滑板运动员更喜欢其他公司生产的鞋。对于大多数人来说，正如杂志和旅游指南所建议的那样，阿迪达斯、彪马、鬼冢、匡威、Pro-Keds、耐克和许多品牌的鞋子都是可以接受的替代品。杂志上的图片显示，专为网球、篮球或休闲装设计的鞋子被重新设计成滑板鞋，与欢腾、马卡哈和霍比提供的鞋一样适合。

* * *

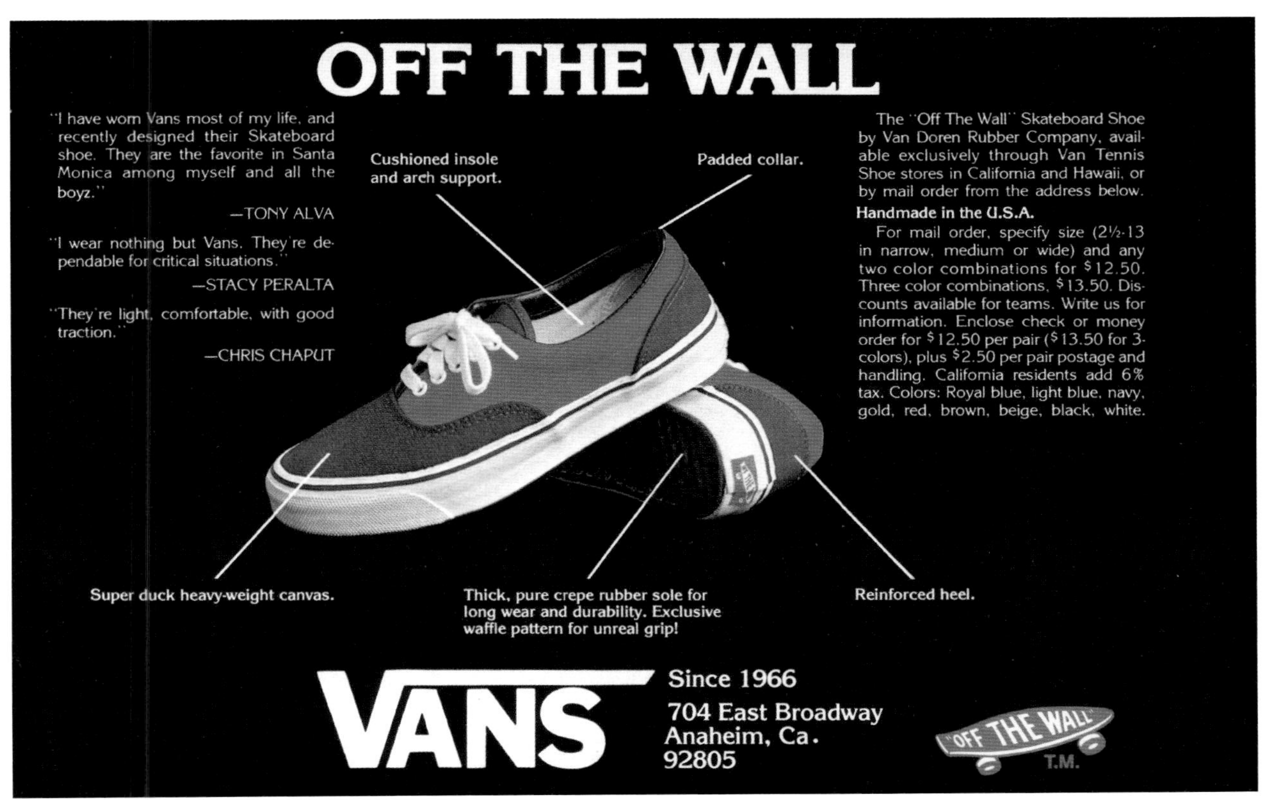

图4.10　Vans#95，范·多伦广告，1977年

在《滑板》和其他杂志上刊登的许多鞋子照片中，有两个品牌出现的频率最高。斯泰西·佩拉塔、托尼·阿尔瓦、绍戈·库博（Shogo Kubo）和杰伊·亚当斯等名人都穿Vans和耐克鞋，并经常出现在其他制造商的活动照片和广告中。对于南加州的顶尖运动员来说，他们几乎是一种标志。然而，这些鞋子背后的公司范·多伦（Van Doren）和蓝带体育最初与滑板没有什么联系，也没有生产与滑板爱好者有关的鞋子。他们对滑板者的反应有助于塑造对现有鞋的认知，并帮助创造滑板鞋作为一个独特的产品类别。

范·多伦于1965年在加州的阿纳海姆成立了范·多伦橡胶公司。[23]范·多伦生于1930年，在美国鞋业制造的中心地带马萨诸塞州长大，并在蓝道夫橡胶的波士顿工厂开始了他的工作生涯。后来他一步步晋升为执行副总裁，并在20世纪60年代初负责公司在加州的工厂。不久之后，他就辞职了，永久地搬到西部，开创了自己的事业。他的目标是制造鞋子，并直接向公众销售，将制造和零售结合起来。通过这样做，他可以降低价格，增加利润。在合伙人瑟芝·德埃利亚（Serge D'Elia）和同样有制鞋经验的高迪·李（Gordy Lee）的支持下，范·多伦建起了一家工厂，配备了生产橡胶底休闲鞋所需的缝纫机、橡胶模具和硫化

图4.11 （左上图）Vans#36、#37和#95，范·多伦广告，1978年

图4.12 （右上图）Vans#38，范·多伦广告，1979年

图4.13 （对页图）范·多伦广告，1979年

炉。1966年3月，他开始在旗下商店进行售卖。这家公司的业务发展迅速，几乎每周都有一家新店开张。在不到18个月的时间里，整个地区就开了50家。到1974年，几乎达到了70家。在促销传单中，该公司的广告是“顾客可以以Vans工厂直销的价格购买，节省50%的费用”。在接下来的10年里，Vans鞋只能通过加州的“Van之家”商店或邮购购买。[24]

南加州温暖的天气和轻松的体育文化创造了全年的销售市场。如范·多伦的休闲鞋，他们提供的款式很简单：经典的帆布和皮革休闲鞋，厚重的硫化橡胶鞋底。核心款男鞋是一种简单轻便的帆布牛津甲板鞋，类似于20世纪20年代生产的那些鞋。气候和社会习惯塑造了范·多伦系列，公司的工厂也是如此。在其生产能力范围内，该公司满足了加州客户的各种需求。通过改变鞋面的大小、形状和图案，以及选择不同组合和图案的橡胶鞋底，就可以制作出不同的款式。该公司的商店使他们能够接近顾客，了解顾客需要。鞋子是小批量生产的，以配合用户个人的心血来潮和短暂的时尚更迭。个性化的订单来自颜色和面料的自由搭配。如果某些组合被证明是受欢迎的，这样的单品就会被生产更多的批次，并提供直接销售。当范·多伦注意到人们因为不喜欢鞋子所用的材

JANUARY
RED
DOG BOWL
SCOTT Comstock
VANS
VANS T.M.
"OFF THE WALL"

料而拒绝鞋子时，他邀请客户自己提供面料。同样，大众对于鞋底开裂的抱怨也很容易导致公司设计的改变。足科医生向大众推荐了这家公司，因为鞋子的宽度和尺寸各不相同，而且有专门为高中、啦啦队、乐队和训练队制作的各种颜色的鞋子。这种快速反应的商业模式类似于阿迪达斯和蓝带体育，为该公司的地区成功做出了贡献，并使其能够应对新的机遇。

南加州的范·多伦商店对于那些寻求廉价平底鞋的年轻滑板爱好者来说是理想的选择。托尼·阿尔瓦曾说，他穿Vans是因为：离我上初中的学校两个街区远的地方有一家小商店，我们一次只能买一双鞋。有影响力的西风队（他是其中一员）在1974年全国锦标赛上首次公开亮相时穿了深蓝色的Vans鞋，部分原因是Vans在圣莫尼卡社区的青少年中很受欢迎，西风队有很多人住在那里。Vans的鞋很容易买到，这在一定程度上解释了它们在滑板爱好者中的受欢迎程度。该公司也在不知不觉中设计出了适合滑板的鞋子。Vans的软橡胶鞋底恰到好处地提供了滑板所需的抓地力和灵活性，而鞋子坚固的结构意味着它能够相当好地保护人们的脚。在《滑板》杂志中，道格·施耐德宣称它几乎完全适合滑板，因为其相当柔软的鞋底使滑板更有感觉。而Vans鞋店的地理位置、可获

图4.14 （左上图）穿Vans鞋的在Skatopia滑板运动场的滑板运动员，普安那公园，洛杉矶，加利福尼亚州，1978年

图4.15 （右上图）穿耐克鞋的滑板运动员，丹佛，科罗拉多州，1977年

图4.16　穿着耐克开拓者鞋的托尼·阿尔瓦，1978年

得性以及其物理性质都使它在20世纪70年代为滑板奠定了加州人中广受欢迎的地位。[25]

Vans对滑板爱好者的回应就像对其他客户的回应一样，与他们合作，为他们的需求和欲望定制鞋子。1978年，当保罗范·多伦的兄弟兼合伙人吉姆·范·多伦（Jim Van Doren）接受《滑板》的采访时，他说道：该公司之所以涉足滑板行业，是因为很明显它已经在制造这样款式的鞋，并在加州的滑板爱好者中证明了自己。他将Vans受欢迎的原因归结于其经久耐用的特性和出色的抓地力，再加上滑板选手可以得到不同颜色组合的配色。然而，为了迎合这个新市场，该公司在这条路上不断走远。它的第一款滑板专用鞋型是#95，于1976年推出，由阿尔瓦设计。他在标准#44的基础上添加了泡沫和加固鞋跟。阿尔瓦说，他想为滑板者创造一种更独特的风格，他要求脚踝周围多一点衬垫和酷炫的颜色，仅此而已。鞋底和以前一样，但鞋子提供了引人注目的双色组合。新的滑板标志和口号"从墙上下来"（佩拉塔和阿尔瓦用来描述泳池滑板的短语）取代了鞋后跟上的"范·多伦"标签。在《滑板》的广告中，这款鞋得到了斯泰西·佩拉塔、托尼·阿尔瓦和克里斯·查普特（Chris Chaput）的支持。[26]

#95是Vans系列鞋中的第一款专为滑板者设计和销售的鞋型。1978年，推出了一款不同于范·多伦标准橡胶鞋底的#36鞋面，皮质鞋头和鞋跟，皮质鞋带孔和一条风格较野性的皮质赛马条带。1979年的#38鞋，有很高的鞋面，在脚踝处有额外的缓冲，以及耐磨的皮革鞋头和鞋跟。广告声称“独特的华夫饼鞋底设计，内置了超级抓地力”，并暗示当你滑滑板时，可以感觉到让你成为冠军的感受。通过与滑板运动员的密切合作，范·多伦确定了滑板运动时鞋子的哪些部位容易磨损，以及哪些部位需要额外的支撑或缓冲。同时也看到了滑板文化中流行的东西。通过使用额外的衬垫，结实、色彩丰富的材料，范·多伦设计出了专为滑板手量身定制的鞋子。从材料的角度看，这些改变是最小的。然而，通过对现有生产能力的丰富想象，以及精准定位的市场营销，范·多伦能够将相当标准的鞋子改造成滑板鞋。[27]

由于范·多伦愿意为顶级滑板爱好者提供鞋子，加之公司位于加州，因此范·多伦的产品在《滑板》等杂志上得到了大量报道。即使在只能看到鞋底部的时候，公司独特的华夫饼花纹也意味着Vans很容易被认出来。邮购使这种非常本地化的产品可以提供给更广泛的、全球的客户群。通过这种方式，该公司与滑板紧密联系在一起。到20世纪末，范·多伦经常被认为是专业滑板鞋的制造商，这已经成为该公司相当大的一块业务。尽管该公司是偶然进入滑板领域的，但《滑板》将吉姆·范·多伦称为“滑板的圣人”。通过呼应对滑板者已经产生的富有想象力的转变，范·多伦鼓励推广使用和思考其产品的新方式。后来，来自加州的这款休闲鞋被其他地方的滑板者看到并用作专业滑板鞋。[28]

与此类似的蓝带体育的案例也凸显了生产商在传播鞋类新思维方面的作用。到20世纪70年代末，蓝带体育在慢跑的流行中发挥了很大的作用，并在美国树立了评判其他跑鞋的标准。与Vans一样，耐克鞋在加州随处可见。1966年，蓝带体育在圣莫尼卡开设了第一家门店，到20世纪70年代中期，耐克鞋在各种鞋类和体育用品零售商中销售。在滑板选手中，耐克最受欢迎的型号是开拓者（Blazer）和布鲁因（Bruin），这是耐克品牌在1971年创立时发布的篮球鞋型号。与蓝带体育的跑鞋不同的是，这些跑鞋是由日本制造商生产的，模仿了当时市

图4.17　穿着耐克开拓者鞋的绍戈·库博，奥克斯纳德滑板公园，奥克斯纳德，加利福尼亚州，1978年

360
PRECISION MACHINED AL
HUNTINGTON BE

JANUARY 1981 $1.00

THRASHER

SKATEBOARD MAGAZINE™

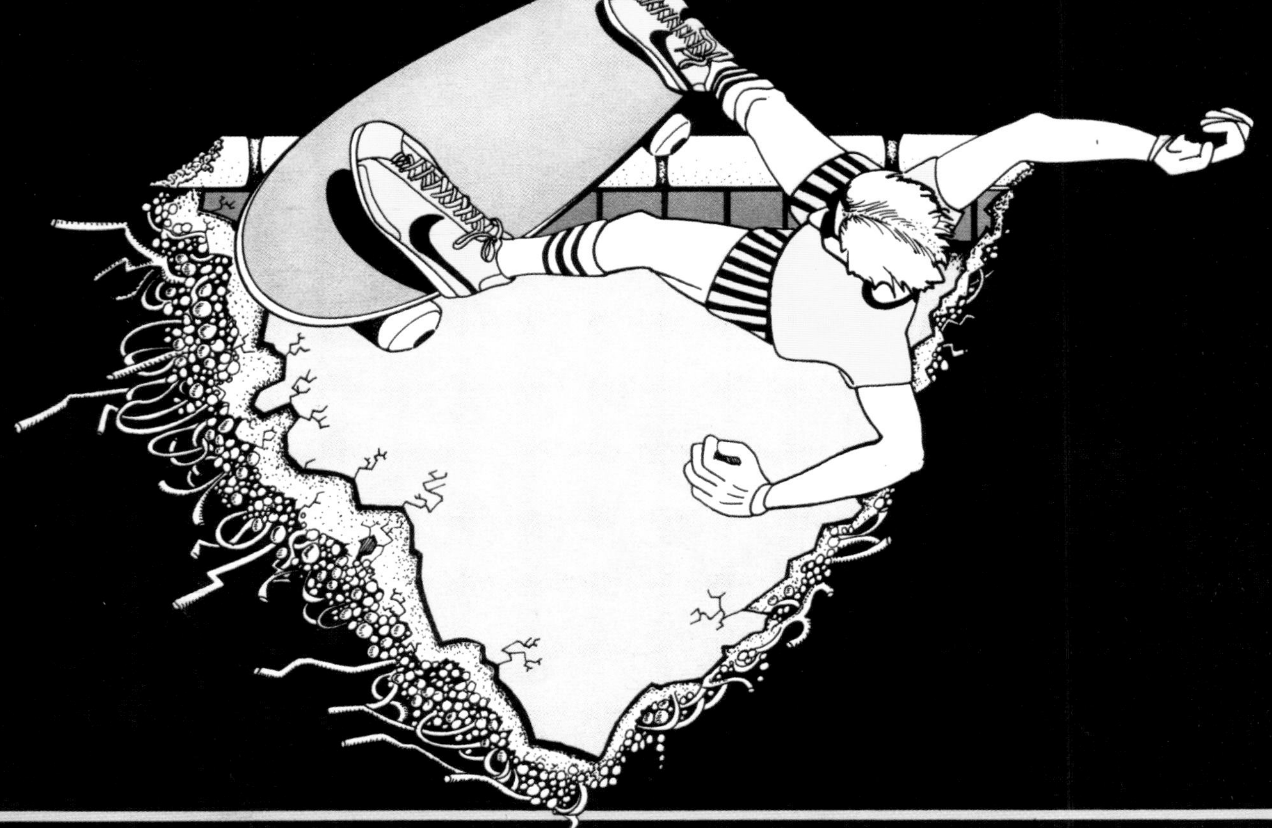

IN THE STREET TODAY

DOWNHILL SKATEBOARD RACING

GOLD CUP FINAL

图4.18 《摔打者》（滑板杂志），1981年

场上流行的款式并且在上面印着耐克的商标。在篮球方面他们模仿竞争对手阿迪达斯和彪马的款式，但他们使用的是轻量级的仿麂皮和帆布鞋面，薄硫化橡胶鞋底和适合滑板需要的脚踝垫，这样的鞋很快在滑垂直滑板的空游泳池、排水管道、滑板运动场地开始流行起来。《滑板》杂志认为他们的水平与范·多伦相当。阿尔瓦称他的“高帮耐克鞋”是他“最喜欢的安全装备”，因为当他摔倒时，高鞋帮能保护他的脚踝，而滑板也在他身后翻滚。1978年，他在欧洲电影《滑板》以及英国广播公司（BBC）纪录片《滑板之王》（*Skateboard Kings*）拍摄期间穿着耐克开拓者系列。绍戈·库博（Shogo Kubo）是另一位经常被拍到穿着开拓者的著名滑板运动员。在20世纪70年代末的繁荣时期，耐克鞋出现在无数的杂志照片上，美国各地的滑板运动员都穿着耐克鞋。1981年，代表20世纪80年代地下滑板文化的《摔打者》（*Thrasher*）杂志第一期的封面插图就是穿着开拓者的滑板选手。[29]

与范·多伦不同，蓝带体育公司没有去加强他们与滑板者的联系。1976年在黄拉·福赛特（Farrah Fawcett）被拍摄到穿着鞋子在《霹雳娇娃》（*Charlie's Angels*）中滑滑板之后，“科尔特斯小姐”（Senorita Cortez）这款女式跑鞋的销

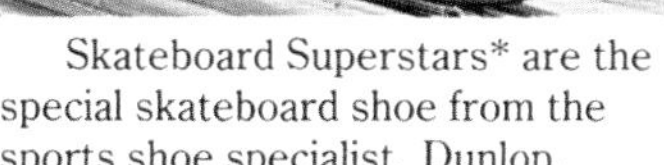

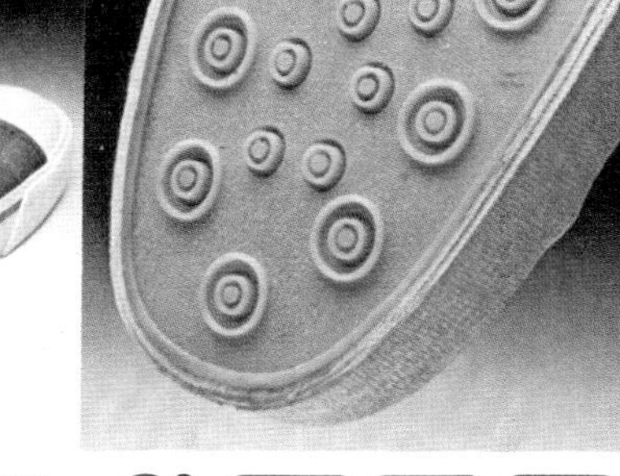

量增长迅速。尽管如此，蓝带体育并没有为滑板爱好者改造鞋子，也没有在滑板杂志上做广告。相反，在20世纪70年代末，他们的宣传工作重点是通过大学和职业篮球运动员以及他们的教练来加强耐克的品牌价值。开拓者队的广告集中在与顶级棒球运动员的联系上，而不是滑板运动员。因此该公司强化了其作为传统的、公认的体育项目供应商的形象。虽然耐克鞋在滑板爱好者中很受欢迎，但它们主要被定位为篮球鞋，而不是滑板鞋。当范·多伦拥抱滑板文化和滑板者时，耐克仍然在圈子外面。[30]

图4.19 （上图）滑板超级巨星，邓禄普广告，1978年

图4.20 （对页图）出色的滑板鞋，克拉克斯（Clarks）的广告，1978年

* * *

但在20世纪70年代，滑板运动并不局限于美国。在英国，滑板的需求始于1976年。1977年卖出了200多万个滑板，到1978年，已经建立了46个商业和市政滑板运动场所，[31]这种兴趣的爆炸式增长增加了英国鞋类制造商和零售商提高销售的可能性。1976年8月，行业杂志《鞋类世界》（*Footwear World*）注意到滑板越来越受欢迎，并想知道制鞋业是否有机会参与到这种可能会带来繁荣的事情中来。杂志敦促本国滑板行业利用这一可能转瞬即逝但利润丰厚的时尚。它认

These Boots are made for Skateboarding

When we decided to make a skateboarding boot we gave ourselves some headaches.

Because we didn't just take an ordinary boot and say it's for skateboarding.

Instead, we consulted two Sports Science Professors who analysed what was needed in a skateboarding boot.

Then we designed and made one to their specifications.

Around the vulnerable ankle bone we put shock-absorbing ribbed padding. For real protection and flexibility.

Inside the boots we built an arch support and padded tongue. After all, who needs bruised, flat feet?

Our natural rubber soles were given special forward ridging. For highly flexible gripping-power and positive contact with your board.

We also developed a specially strengthened wrap-around toe and heel. And extended the rubber to protect the sides and front of the foot.

Finally, we put together some really sharp styling in rugged natural canvas. To make you look as good as you feel.

See the result at your Clarksport Stockist.

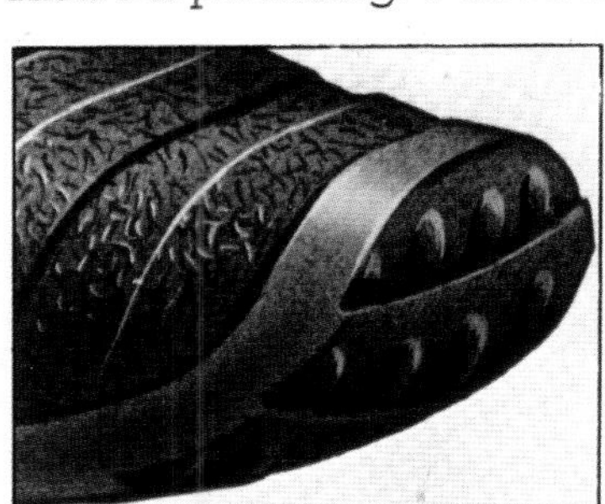

Wrap Around Toe

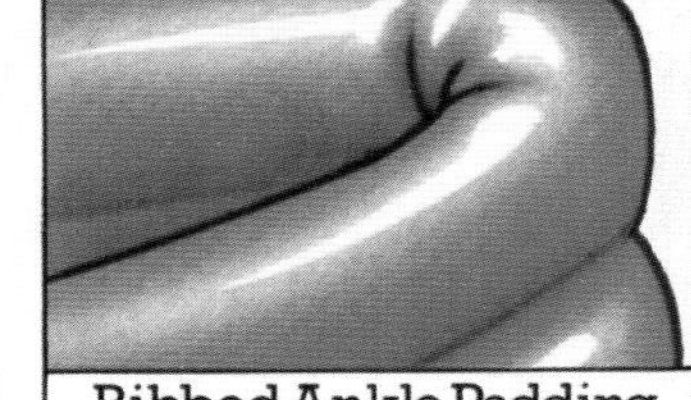

Ribbed Ankle Padding

Wrap Around Heel

Forward Ridging

Colours: White/Navy, Black/Red, Navy/Orange. Sizes 2–5 recommended retail £7.99. Sizes 6–12 recommended retail £8.99
Send for free brochure and list of stockists to: Clarks Ltd. 21 Seymour Road, East Molesey, Surrey. KT8 OPE

为，滑板可能是相对短暂的，但也可能是一种极好的促销工具。英国制造商推出了几款专为滑板爱好者设计的鞋。邓禄普的“滑板超级巨星”系列有吸盘式的鞋底、乙烯基材质的鞋口、坚固的充气橡胶鞋帮和有力的脚趾保护结构。它们在结构上与该公司的其他帆布和橡胶运动款式很相似，如“绿闪光”。英国巴塔（Bata）鞋业公司推出了Marbot Speed Rites帆布橡胶高帮鞋，在广告中该产品被描述为“专为滑板而设计”，尽管它们与该公司在埃塞克斯工厂生产的廉价橡胶底帆布休闲鞋大体是相似的。克拉克斯同时也推出了另一款名为“特技”的型号，脚踝和鞋舌上都有软垫，这是一款独特的鞋，它特别加固了环绕脚趾和脚跟的部分，还有橡胶鞋头。克拉克斯称，这款鞋是与两位体育科学教授合作设计的，他们调研并分析了一双滑板鞋需要什么。在每一个案例中，这些几乎都是简单的硫化橡胶鞋底帆布款式，经过修改后，可以承受来自滑板的磨损。市场营销宣传把它们塑造成专业的滑板鞋，这给了它们额外的生命力和商业价值。[32]

邓禄普、巴塔和克拉克斯生产的鞋是否能很好地为滑板爱好者服务，这一点也值得商榷。在一些观察人士看来，它们看起来像是利用流行时尚赚钱的企业。英国皇家预防事故学会安全教育主任大卫·拉德（David Larder）在接受《鞋类世界》采访时质疑，是否有确凿的证据表明，这些新型滑板鞋具有更大的价值。他认为，滑板运动员所需要的只是一双好的、合适的、鞋底防滑的平底运动鞋。他认为，那些推出所谓滑板鞋的制造商只不过是在迎合商业潮流。英国杂志《滑板》于1978年10月提出了自己的想法，在一份针对英国买家可买到的鞋的评论中，该公司将克拉克斯和邓禄普的鞋款与Pro-Keds篮球运动鞋、Rucanor风帆冲浪鞋和Vans#95鞋进行了比较。邓禄普的这双鞋被形容为结实且搭配得当，值得考虑。然而，克拉克斯的这款鞋却被批评为抓地力不强，而且有卡顿的感觉。评论家们很难相信一个大型制造商会犯这么大的错误。Pro-Keds和Rucanor的鞋很受欢迎，但最受好评的是加州鞋。Vans因其超强的抓地力、灵敏的接触、经典的风格和质量好而受到称赞。评审员指出，它们相当昂贵，但也被专业人士广泛使用。最终它们被认为是值得购买的。正如《鞋类世

图4.21　穿邓禄普绿闪光鞋的英国滑板运动员约翰·萨布洛斯基（John Sablosky）1978年

TRACKER
TRUCKS

界》所认识到的那样，“专为滑板而买鞋的年轻人很可能更喜欢加垫、色彩鲜艳的加州风格的球鞋，而不是传统的网球鞋”。风格和外观同样重要。尽管没有加州的阳光，英国滑板手还是模仿了加州的时尚。[33]

说到鞋，英国的滑板者需要即兴发挥，就像他们在美国的同行一样。滑板相关产品的供应是有限的，即使是在滑板运动的鼎盛时期，范・多伦和其他美国鞋也很难买到，或贵得令人望而却步。《滑板》建议读者没有必要购买定制的滑板鞋，一双标准的网球鞋就可以满足你的需要。那些在滑滑板时想要最自由的“感觉”的人被告知要选择薄鞋底。大多数英国滑板运动员所穿的鞋在国内市场上都能买到。在杂志上，他们被拍到穿着各种廉价的橡胶帆布鞋和训练鞋。其中最受欢迎的是邓禄普的“绿闪光”网球鞋。1977年，这款鞋因其具有竞争力的价格而随处可见。它使用与范・多伦鞋相同的硫化工艺生产，并具有平坦、抓地力大的鞋底和脚踝衬垫，这是滑板者喜欢的。零售商鼓励重新评估现有的运动鞋。英国领先的滑板设备供应商在广告中特别“挑选”了两款适合滑板的理想滑板鞋，它们都具有扁平、灵活的鞋底和额外的加固材料。其中一款是蓝色绒面革Lotto Magic鞋，是一家意大利公司生产的运动训练鞋。另一款是尼龙加绒面革的Patrick Road Runner鞋，是一家法国公司尝试生产的美式跑鞋。但两者的设计都没有考虑到滑板者的喜好。[34]

当1978年英国鞋问世时，滑板在英国的受欢迎程度正在下降。克拉克斯、邓禄普和巴塔的滑板鞋都是在蓬勃发展的市场中获利的短暂尝试。除了阿迪达斯在1979年推出了寿命不长的低帮滑板鞋和滑板鞋两款外，其他大型运动鞋公司都忽视了滑板运动。随着兴趣的消失，英国那些小众铁杆滑板爱好者们只能接受为其他用途而设计的鞋子，或是使用在英国体育商店里可以买到的廉价款式。对那些有钱人来说，从美国进口两双Vans是为爱好奉献；对于那些没有钱穿高级运动鞋的人来说，特别是在20世纪80年代初，由邓禄普、阿迪达斯、彪马等公司生产的廉价运动鞋是一个合适的选择。[35]

* * *

图4.22　低帮滑板鞋和滑板鞋，阿迪达斯产品型录（法国），1979年

在20世纪80年代和90年代，滑板作为一种独立的地下青年亚文化存活了下来，很大程度上脱离了流行运动的主流。1983年，据英国滑板协会统计，英国只有大约5000名滑板者；苏格兰滑板协会的《滑板线》（*Skateline*）杂志在英国和欧洲的发行量仅为1400份。滑板运动退居边缘，体育委员会称其为被“一群稳定的年轻爱好者”维持着活力。世界各地的滑板者继续穿着为其他运动设计的鞋子，包括最畅销但超难订购的耐克Air Jordan和匡威全明星（All Star）鞋。与此同时，范·多伦继续与滑板爱好者密切合作，并生产了几款专为新型滑板设计的鞋，鞋与滑板的联系越来越紧密。据著名滑板运动员托尼·霍克（Tony Hawk）在20世纪80年代中期所说，“你可以通过外观认出一个滑板手。他们可能一直穿着脏脏的牛仔裤和Vans，如果你在1986年穿着Vans，那你就是滑板选手了。”在英国，Vans也是滑板选手识别彼此的一种方式。随着该公司努力与更便宜的进口鞋竞争，滑板市场对其的生存变得越来越重要。[36]

在20世纪80年代，一系列新的竞争对手也加入了滑板市场。其中最引人注目的是Airwalk（云中漫步），这是一家国际鞋业公司于1986年推出的一个品牌。该公司的所有者乔治·约恩（Goerge Yohn）从事制鞋业已有30多年，他从1977

年开始与亚洲工厂合作，向美国百货商店和鞋类连锁店供应贴牌的鞋子。该公司总裁比尔·曼恩（Bill Mann）曾在大型鞋类零售商购买运动器材和女鞋。20世纪80年代初，这两家公司决定建立一个品牌鞋的生产线，其利润率是公司其他业务的两倍。受到运动鞋市场增长的启发，他们第一次尝试做有氧运动、跑步和网球用的鞋。曼恩和约恩与一位在加州卡尔斯巴德滑板公园工作的澳大利亚滑板手合作，创建了一个品牌，旨在吸引年轻的男性滑板手。[37]

图4.23　穿着Vans鞋的迈克·麦吉尔（Mike McGill），1985年

Airwalk的第一双鞋与Vans类似，有着厚实的硫化鞋底和色彩鲜艳的鞋面，因为是在亚洲生产的，成本只是Vans的一小部分。这款鞋在滑滑板时最容易磨损的部位做了加固和填充，而且它们风格独特，由图形印花和艳丽材料组成醒目的组合。后来的Prototype系列使用了与专业篮球鞋和网球鞋款式相同的生产技术，并从篮球鞋（如耐克Air Jordan）中获得灵感。新品牌通过专业的滑板和冲浪商店销售，并在滑板杂志上做了大量广告。在一代顶尖滑板运动员托尼·霍克及一个专业团队的支持下，该品牌几乎立刻获得了成功。一年之内，国际鞋业公司就在世界各地售出了数百万双他们的鞋子。[38]

Airwalk是20世纪80年代末和90年代初首批瞄准滑板者的系列品牌之一。虽然大型运动鞋生产商忽视了滑板运动，但许多扎根于滑板文化的小公司定义了滑板鞋。Vision Street Wear公司、Etnies公司、DuFFS公司和DC Shoe公司接受了海外生产，并与亚洲工厂签订合同，按照他们的设计生产鞋子。现有的制作方法和流行的运动风格被用于滑板鞋。设计师添加了新的功能和设计元素，以满足滑板者的品位和身体要求。这些滑板品牌在使用加垫和填充物的同时，也在尽可能的范围内进行设计，力求设计出能够吸引滑板市场消费者的款式和功能性鞋子。最终的鞋子混合了不同的设计风格和制鞋技术。与Vans和Airwalk一样，它们的设计风格与传统的运动风格不同，反映了滑板运动的地位和态度。这些鞋子在专门的、独立的商店可以买到，这有助于创造一种几乎完全脱离主流的消费文化。尽管滑板鞋市场变得像网球鞋、篮球鞋或慢跑鞋一样拥挤，但其中的品牌和生产商并不是那些在其他运动中占主导地位的品牌。[39]

图4.24　托尼·霍克穿着Airwalk在训练，1987年

在20世纪90年代初，滑板鞋逐渐被纳入主流时尚。滑板风格与起源于美国朋克的乐队联系在一起，1995年，在拉里·克拉克（Larry Clark）的有争议的电影《半熟少年》（*Kids*）中出现了这种风格。像《面孔》（*The Face*）这样的时尚杂志以只有专业商店才能买到的品牌为噱头，让滑板运动以外更广泛的受众注意到这些品牌。在伦敦青年时装贸易展上，品牌40度（40 Degrees）加入了滑板表演环节。生产滑板鞋的公司抓住了主流市场提供的机会，Airwalk、DC shoes和Vans等品牌的滑板鞋也获得了可观的销量，[40]这些品牌培育出的户外美学和前卫酷感，意味着它们很容易被当成年轻叛逆的象征，或是对传统风格的拒绝，尤其是那些与主流体育有关的风格。然而，对于鞋子来说，这种向日常、非特定用途的转变或许是对滑板鞋根源的回归。它们是从基本的休闲鞋演变而来的，因此可以很容易地回到日常生活中。

* * *

正如维多利亚时代的网球鞋匠们所认识到的，通过将产品从一种做法转移到另一种做法，并在新的环境中使用新的事物，使消费者产生了理解物体的新方法。然而，滑板鞋的发展作为一个运动鞋行业中的范例，表明了这些含义的传播和扩散在很大程度上依赖于消费者对其的呼应和重申。滑板鞋是从其他用途的鞋发展而来的，旨在吸引其他活动和消费者群体。最早的例子是使用简单的现有款式，稍加改造和重新包装，最终达到吸引滑板市场的目的。然而，通过这样做，生产者复制并商品化了滑板者自己开创的事业。通过以新的方式使用和思考现有的鞋子，用制造商没有考虑过的标准来评估它们，滑板者将普通的鞋子重新定义为滑板鞋，制造商也跟着他们走。产品富有想象力的转变，以及随后新产品种类和特殊设计产品的创造，都始于消费者的行动，但却在生产者的共同参与下得到强化和完成。正如滑板者所展示的，通过对现有产品和生产方法的即兴创作，这些实践的发起者启动了新想法和专门设计的产品被建立起来的进程。20世纪70年代，美国其他地方也出现了类似的进程，不过在这个案例中，人们对鞋子的看法完全超越了体育娱乐本身。

图4.25　穿着Airwalk原型鞋的滑板者，波特兰，缅因州，1989年

ROCK
STEADY
SPRAY

第5章

运动鞋、篮球和嘻哈文化

《圣诞说唱》(*Christmas Rap*)于1987年底发行。这是一张关于节日说唱的专辑，旨在利用粉丝量最大的Run-D.M.C.乐队的人气以及说唱音乐在国际上的成功。像大多数专辑一样，这张专辑的封面也是对资本的一种妥协。所有相关的艺术家都没有展示出来，相反，一双阿迪达斯超级巨星篮球鞋在圣诞节的废墟中被拍到。[1]这是指Run-D.M.C.因穿阿迪达斯而闻名。然而，正如该品牌的老板所欣赏的那样，这些由该西德公司在法国制造的鞋子，也是嘻哈的视觉标志。对许多潜在买家来说，它们代表着20世纪70年代末从纽约兴起的一种以非洲裔美国人和西班牙裔年轻人为主要人群的音乐文化。这个款式最初被创造是为了篮球，不知何故，现在它与篮球的联系已经渐渐淡出了人们的视线。

当然，长期以来，运动鞋一直与青少年的理想联系在一起，但这些与音乐和特定的文化运动的联系是新的。20世纪70年代和80年代，随着运动鞋在西方市场销量的增加，高端工艺开始普遍使用。现代的专业鞋与更古老、更传统的运动鞋结合在一起，成为时尚的日常用鞋，创造了一种可以围绕该产品积累更广泛文化的可能性。运动鞋发展出了一种象征力量，这超越了生产者的想象，并以运动鞋公司无法想象的方式变得令人向往。在全球化市场上，运动鞋公司经常被消费者的价值观抛在脑后。

在20世纪70年代和80年代的纽约，阿迪达斯和彪马的运动鞋已经不仅仅是运动装备了。对许多青少年来说，它们是非常理想的身份象征，是文化一致性的视觉表达，是独特城市风格的关键元素。这些观念的转变是在消费不断增长、体育作为休闲和职业娱乐的地位日益突出的背景下发生的。它们是基于体育营销的意外结果，也是体育和行业内部变化的结果。当消费者接触到西德运动鞋时，在制造商的引导和鼓励下，这些鞋往往会变成完全不同的东西。鞋类生产商不可避免地受到消费者行为的影响，有关运动鞋的新想法最终将融入他们的促销策略中。

* * *

图5.1 《圣诞说唱》档案记录，1987年

阿迪达斯和彪马在篮球领域起步较晚。这项运动是1891年由詹姆斯·奈史密斯（James Naismith）博士发明的，他是马萨诸塞州斯普林菲尔德的基督教青年会国际训练学校的一名体育教练，他想在美国新英格兰地区的冬季举办一项有竞争力的室内运动，同时也利用了基督教青年会的热潮。这种比赛只需要一个球和两个篮筐，设备相对较少，可以在体育馆和舞厅进行。在基督教青年会（Young Men's Christian Association，简称YMCA）的推动下，篮球在美国北部和中西部的工业城市迅速传播开来。在这些城市，由于空间有限，冬季寒冷，户外运动十分困难。专业的队伍会在舞厅或其他室内场所比赛，但最常见的是由高中、大学和基督教青年会组织的非正式比赛或地方比赛。这项运动有着广泛的吸引力，部分原因是即使是最小的学校也能派出一个五人队，在20世纪的大部分时间里，这项运动比其他任何美国运动都吸引人。然而，直到20世纪30年代，职业篮球才开始出现。直到1949年，美国职业篮球协会（National Basketball Association，简称NBA）成立，职业篮球比赛才获得了与大学篮球比赛同等的尊重。20世纪60年代，电视的出现提高了篮球比赛和参赛队伍的知名度。到20世纪末，它已牢固地嵌入美国电视节目中，并逐渐成为美国流行文化

图5.2 最初的凯尔特人（Celtics）篮球队，20世纪20年代中期

的核心。[2]

这种比赛在纽约尤为重要，因为纽约是全国大学生篮球比赛的中心。纽约尼克斯队（Knickerbockers）是最古老、最受尊敬的职业球队之一，而业余的、非正式的比赛则被视为城市生活的重要组成部分。到20世纪70年代早期，美国各地的城市已经举办了数百个业余联赛。在纽约，户外公共球场的建设常常与住宅相连，这使得这项运动很容易上手，也意味着在夏天，人们可以在室外参与这项运动。在战后的岁月里，篮球运动员成了当地的英雄，成千上万的人涌向哈莱姆的洛克球场和城市的其他操场观看比赛。无数的球员从城市的公共球场毕业，进入大学和职业联赛，成为年轻一代的榜样。[3]

在训练和比赛中，篮球运动员需要能够在光滑的地面上快速奔跑、转弯和停止。像网球运动员一样，他们需要能够提供支撑和抓地力的鞋子。一开始，运动员穿的是体育馆标准的软皮底网球鞋。但到了19世纪90年代末，许多人都换成了高帮橡胶底网球鞋。这样可以更好地适应木质场地，提供更多的支撑和更大的保护来抵御早期比赛粗暴和混乱的行为。[4]专业篮球鞋在20世纪就做了广告，但它们与网球鞋的市场营销仍然相似。随着篮球运动的确立，橡胶制造商

图5.3　篮球鞋，匡威橡胶公司的印刷品，1920年

推出了第一双篮球鞋，高帮帆布鞋面，从沿口到鞋头系带，橡胶鞋头，硫化橡胶鞋底，周围有橡胶沿条。

20世纪上半叶，美国篮球市场上有两家制造商：美国橡胶公司和匡威。根据美国橡胶公司的广告，在20世纪20年代，最初的凯尔特人队和希利亚德（Hillyard）队都穿软底帆布鞋，后者是1926年和1927年的业余田径联盟冠军。随着20世纪50年代职业篮球运动的发展，这个品牌得到了乔治·麦肯（George Mikan）的推广，他是明尼阿波利斯湖人队（Minneapolis Lakers）的球员，对早期的NBA有着重要的影响。[5]1917年，匡威橡胶推出了"全明星"篮球鞋，并在1922年出版了它的第一本篮球鞋年鉴。来自全国各地的球队都提交了自己的照片，只要这些照片中显示大多数球员都穿着匡威鞋，这些照片就会被纳入其中。从1932年开始，它包括了查克·泰勒（Chuck Taylor）挑选的全国顶级球员。泰勒曾是一名运动员，后来成为匡威的销售员，在20多年的时间里，他不知疲倦地工作，在全国推广这项运动和匡威。1934年，他的名字被列入"全明星"鞋款，以表彰他的努力。在一定程度上，正是因为他，这一款式才成为行业标准，几乎所有大学球员和职业球员都穿它。匡威与教练们密切合作，生产了一款适

图5.4　全明星篮球鞋，匡威广告，1929年

合比赛的球鞋。1924年，该公司宣布，已经利用其资源开发了一款能使球员更好、更快地比赛成为可能的鞋，从而使篮球在这个国家的主流体育运动中获得应有的地位。年鉴的补充部分列出了教练的建议，并展示了这款鞋的特点：软垫鞋跟和足弓，“Peg-Top”帆布鞋面，八层鞋头结构，光滑的衬里。在这款鞋被推出近50年后，广告仍然宣称它是美国第一篮球鞋。自1936年第一届奥运会以来，美国队已经连续8次获得世界冠军。匡威和美国橡胶公司都没有对篮球鞋的设计参数做出太大的改变。在可供选择的篮球鞋很少的情况下，篮球运动员和年轻、休闲的穿着者让帆布橡胶底运动鞋获得了成功。[6]

虽然橡胶行业的高管们认为没有必要对一款成功的产品进行修改，但到了20世纪60年代，精英球员们开始对这款半个世纪以来几乎没有改动过的鞋感到不满。篮球最初是一项相对严格的地面运动，强调快速传球和站姿投篮。然而规则的改变，跳投的发展，以及黑人球员的到来，带来了在城市公共球场磨炼出来的华丽打法。这意味着到20世纪60年代，精英比赛比以往任何时候都更快、更高、更自由。职业篮球的兴起和电视的出现意味着篮球成为一项严肃的行业。随着球员的身高、体重和体力的增长，以及比赛难度的增加，传统篮球鞋的缺点也暴露了出来。足部和踝关节普遍存在磨损，鞋面的不合适带来了疼痛感。

约翰·伍登（John Wooden）是20世纪60年代最有影响力的教练，也是最早被泰勒选入的全明星球员之一。他抱怨说，每一双全明星鞋，他都必须剪掉小脚趾处的接缝，以防止脚被磨出水泡。美国制造商几乎没有采取任何措施来适应运动员不断变化的需求。橡胶公司对橡胶的专注，高成本的机械设备以及确保美国公司主导国内市场的进口鞋类关税，都阻碍了创新。与西德开发的篮球鞋相比，美国20世纪60年代的篮球鞋是另一个时代的遗物。[7]

* * *

在西德，达斯勒公司已经表现出愿意接受新材料和新技术，只要这些材料和技术能被用于制作帮助运动员提高表现的鞋子。然而，在主要的欧洲市场，篮球作为一项观赛项目和参与项目的受欢迎程度有限，这意味着篮球鞋既不能像足球和其训练产品那样在大众市场上销售，也不能像精英田径运动鞋那样享有声望。整个20世纪50年代，阿迪达斯主要的篮球鞋是全能鞋，这是一种多功能的蓝色高帮真皮训练鞋，底是海绵橡胶。正如它的名字所暗示的那样，它适用于一系列的运动。

图5.5　U.S.科迪斯（U.S. Keds），美国橡胶广告，1957年

阿迪达斯在20世纪60年代更全面地进入篮球领域，部分原因是家族企业内部的斗争。1959年，该公司在法国阿尔萨斯（Alsace）的一个村庄代特维莱（Dettwiller）买下了一家陷入困境的鞋厂，为西德市场生产足球鞋。它由阿道夫23岁的儿子霍斯特管理。继1956年墨尔本奥运会上送鞋之后，他的雄心壮志与日俱增。在父母的视线之外，他把这家法国工厂变成了几乎完全独立的企业。除了从当地制造商那里收购了更多的工厂，他还与法国运动员建立了联系，并对法国市场发起了进攻。新鞋型被引进，水准可以与西德制造的鞋型相媲美，并与西班牙和东欧的供应商建立了独立的生产协议。根据阿道夫的助手卡尔·海因茨·朗（Kral-Heinz Lang）在20世纪70年代的说法，双方“就像两家不同的公司在互相挑战，存在着一种竞争精神”。到1968年，霍斯特控制了一个独立的行政中心和八家法国工厂。[8]

图5.6 全明星篮球鞋，匡威广告，1965年

霍斯特将阿迪达斯推向了新的方向。他开始制作被父母忽视的运动鞋类型，并开始拥抱日益增长的休闲市场。他的雄心壮志最早的标志之一就是Haillet网球鞋，这是20世纪60年代中期与法国职业网球运动员罗伯特·海尔莱特（Robert Haillet）共同开发的一种新型网球鞋。和篮球运动很像，网球鞋是由橡胶公司主导的，自20世纪20年代起，带有硫化橡胶鞋底的帆布鞋成为标准用鞋后，网球鞋基本上没有什么变化。竞争对手生产各种款式，但材料和构造原理保持不变。通过此次设计，阿迪达斯法国公司推出了一种新的设计模式，通过使用新材料、机械和生产技术，使之成为可能。这款鞋的白色牛皮花边延伸到鞋头（类似于美国篮球鞋），并有加固的鞋跟支撑和环绕的衬垫。它没有条纹，而是在鞋面两侧各有三条穿孔线。鞋底是一个新开发的模压鞋底，将其黏合与缝合到面部。就性能而言，这双鞋是一种启示。它提供了比其他鞋更好的抓地力和支撑力，并迅速成为包括许多专业人士在内的重要运动员的选择。或许更重要的是，它还提供了一条进入庞大的美国休闲市场的途径。1966年鞋类进口关税降低后，阿迪达斯获得了大幅增加其在美国市场份额的机会。简单的风格，平底，白色的Haillet款式是完美的休闲或日常穿着的选择。事实上，在1971年Haillet退役后，这款鞋以美国温网（Wimbledon）冠军斯坦·史密斯（Stan Smith）的名字重新命名，成为有史以来最畅销的运动鞋之一，这也证明了它设

BIG
WINNER
keeps setting records
converse
'Chuck' Taylor
ALL STAR
BASKETBALL SHOES
High Cut or Oxford
STAR QUALITY FOR THE FASTEST, SUREST FEET IN SPORTS
STAR QUALITY TENNIS SHOE
two styles; two action-proved soles.
STAR QUALITY WRESTLING SHOE
lightweight, exceptionally flexible. Extra high.
TRACK STAR
Speed-inducing indoors-outdoors favorite.
America's No. 1 Basketball Shoe...
worn by winning U.S. Olympic Teams for 8 straight world titles since the first Olympics of 1936.
CONVERSE RUBBER COMPANY, Malden, Massachusetts 02148

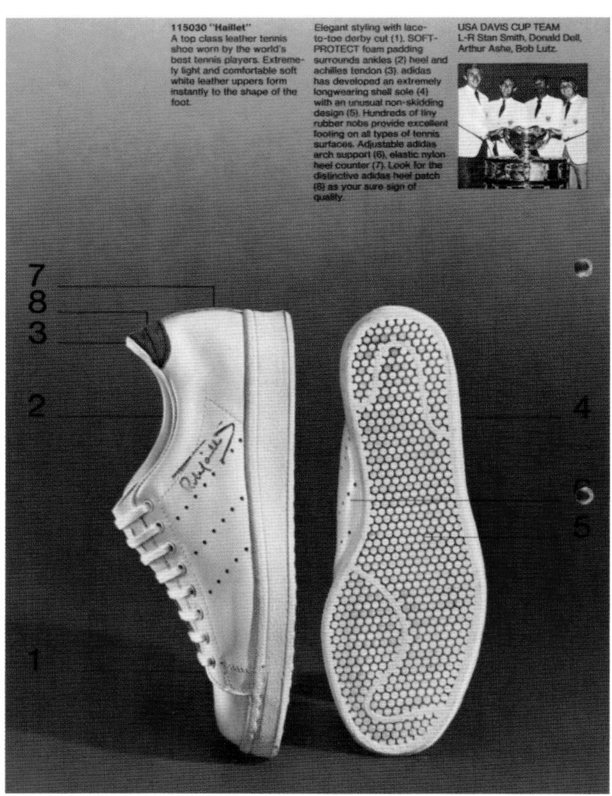

图5.7　Haillet网球鞋，阿迪达斯型录，1971年

计的灵活性。[9]

与此同时，阿迪达斯法国公司也开发了首款篮球鞋。作为美国体育的三大支柱之一，篮球有望赢得声望和可观的销售，尤其是如果把休闲市场也考虑在内的话。阿迪达斯在加州的顾问克里斯·塞文（Chris Severn）指出，美国制造商缺乏创新，并敦促霍斯特回应人们对更好的鞋子的潜在渴望。塞文玩过篮球，他意识到像“全明星”这样的鞋的缺点：他们的软橡胶鞋底导致脚后跟的瘀伤和水泡，帆布内部被汗水浸透，这样的鞋在球场上并不总是能提供良好的支撑力和抓地力。在塞文的指导下，法国工厂开始为美国篮球运动员量身定制球鞋。而更结实的、人字形的橡胶外底可以提供更好的牵引力。铬鞣革可以有效地保证鞋垫不被汗浸湿。坚硬的塑料鞋跟结构给运动中的脚提供了更好的稳定性。起初，新鞋的鞋底用胶固定，并用橡胶胶粉加固，但这些后来被所有的白色模制橡胶鞋底所取代，并缝合在鞋面上。正如Haillet一样，多眼系带的设计让人想起全明星系列和Keds使用过的样式。三条条纹与白色的鞋面形成对比，确保了阿迪达斯在媒体、电视以及图片上的可辨识度。最终，一种独特的带棱纹的橡胶诞生了，它被制成一种贝壳形状设置在鞋头。最初这是为网球而开发的，

图5.8 Supergrip和Pro Model篮球鞋，阿迪达斯产品型录，1968年

当球员们的脚下打滑的时候，它可以防止磨损，同样在篮球比赛中也有着类似的作用。它也是对传统的帆布篮球鞋上的橡胶鞋头设计的视觉参考，这种鞋有助于吸引美国人的注意。新的篮球鞋款式与Haillet非常相似。它们的组成部分是相似的，构造是相似的，制作的流程是相似的，鞋楦也是相似的。设计上的相似之处反映了篮球和网球运动员的功能需求也相似，但也显示出阿迪达斯希望最大限度地利用其生产设备和专业技术的想法。[10]

这款新的篮球鞋被命名为Supergrip和Pro Model，于20世纪60年代中期推出。尽管阿迪达斯在1968年将其描述为："迄今生产的最先进的篮球鞋!"但是在他们的目标市场上，习惯美国球鞋的教练和球员对这些鞋子的态度有些犹豫。塞文想把它们推销给负责球员鞋的NBA教练，但他只能说服新成立的圣地亚哥火箭队的杰克·麦克马洪（Jack McMahon）试用它们。火箭队在1967-68赛季开始穿阿迪达斯，这是他们在NBA的第一个赛季。在67场比赛中，这支球队只赢了15场，这使他们在NBA常规赛中排名最低，也最失败。对于阿迪达斯来说，这并不是一个好的开端，但它却带来了公司想要的曝光率。Supergrip和Pro Model慢慢出现在全国各地的职业篮球场上，当火箭队的球员向他们的对手推荐这种

图5.9 （上图）圣地亚哥火箭队，1968年

图5.10 （对页图）圣地亚哥火箭队对洛杉矶湖人队，1967年12月

新鞋时，运动员对于运动鞋的需求开始增长。

在1968年的奥运会上，业余运动员也看到了来自西德的运动鞋，而对这双鞋的试用打消了许多教练和球员的疑虑。正如阿迪达斯在1971年所宣称的那样："大多数运动员都会对这种不寻常的轻盈和瞬间的舒适感到惊讶。"接下来的一个赛季，波士顿凯尔特人队——一支领先的职业球队，穿着阿迪达斯赢得了1969年的NBA总冠军。约翰·伍登把同样成功的UCLA棕熊队的鞋从"全明星"换成了阿迪达斯。这些都是里程碑式的变化，阿迪达斯的订单随之增加。1969年，将Supergrip稍加修改并重新命名为"超级巨星"（Superstar），如果匡威有"全明星"，那么阿迪达斯现在有"超级巨星"。到1970年，阿迪达斯可以合法地宣称它是"世界上最好的篮球运动员穿的"。到1973年，大约85%的职业运动员和许多大学的运动员都穿阿迪达斯。篮球鞋约占公司总销售额的10%。凭借它，霍斯特成功地将阿迪达斯推向了美国市场。[11]

* * *

当达斯勒家族的一方将其统治地位扩展到美国篮球领域时，另一方也试图

THE FORUM
THE FORUM WISHES LAKER
HAPPY NEW YEAR---
5:12
ROCKETS
13
PLAYER
33
7
LAKERS
14
21

图5.11　篮球鞋，阿迪达斯产品型录，1972年

跟上。在1948年从运动鞋厂创始人达斯勒的公司中脱颖而出的两家公司中，鲁道夫·达斯勒的彪马总是不那么成功。1969年，当《体育画报》的约翰·安德伍德（John Underwood）参观赫佐根奥拉赫时，他将彪马"庞大而老旧"的建筑里的吱呀作响的地板与城市另一头"流水线式"的阿迪达斯工厂进行了比较，这太容易让人看出高下了。也许因为阿道夫是一个敬业的鞋匠，他的公司在技术创新和专业生产方面具有优势，因此受到精英运动员的青睐，阿迪达斯因此可以生产比彪马更高标准的鞋。鲁道夫告诉安德伍德，如果他的公司想要与阿迪达斯匹敌，就需要"生产更好的鞋子、拥有更新的创意和不断探索其他领域"。彪马曾向运动员支付报酬，作为其保持运动鞋精英地位的一种方式。但在1968年墨西哥城奥运会和《体育画报》公布了巨额的秘密报酬后，该公司立马开发了另一种方式。尽管阿迪达斯为大多数顶级运动员提供了装备，但在20世纪70年代，彪马还是专注于与少数知名明星签约。[12]

彪马与纽约尼克斯队的沃尔特·弗雷泽（Walter Frazier）在1970年签约并获得了赞助合同。弗雷泽透露说，他最初的合同是5000美元，想要多少鞋子就能得到多少。很多人对他的估值为2.5万美元，每年每卖出一双签名鞋，收取每双鞋25美分的版税。无论涉及多少金额，这对篮球行业来说都是首次发生。正如弗雷泽后来回忆的那样，顶级球员“得到了很多免费的鞋”，但在彪马出现之前，“没有人为此付费”。彪马给了他一个机会，这是公司对这位超级巨星的回应。这双鞋有一个皮质多眼系带结构，并带有黏合的模压鞋底和黑色彪马“formstrip（可拆换的跑道形条带状Logo）”。但弗雷泽更习惯于帆布运动鞋，他抱怨这款鞋太重、不灵活。于是彪马开发了一款更轻的麂皮运动鞋，他从1972年就穿这款鞋了。众所周知，弗雷泽为自己的全明星标准白色球鞋定制了橙蓝相间的鞋带，以配合尼克斯队的队服。彪马更进一步，为他设计了橙色、蓝色和白色绒面革的鞋子。从彩色电视和杂志上的照片中可以清楚地看出，弗雷泽的球鞋与当时大多数球员穿的白色球鞋形成了鲜明的对比。[13]

弗雷泽的绰号是“侠盗克莱德”（Clyde），作为他那一代人中最优秀的球员之一，他在球场外的奢华着装和他在球场上的技术同样闻名。他的绰号来自1967年的电影《雌雄大盗》（*Bonnie and Clyde*），是指他冷静、歹徒般的举止和从对手手中抢球的能力，也指他喜欢戴20世纪20年代风格的帽子。1974年，他与人合作，为年轻粉丝写了一本书——《稳健摇滚：篮球与酷的指南》（*Rockin' Steady: A Guide to Basketball and Cool*）。这本书的开篇第一章是关于“酷”的，结尾一章是“如何看起来不错以及其他事情的一般建议”。读者们看到了弗雷泽对服装和个人打扮的看法，还有一页“衣柜统计”，其中列出了他的西装、裤子、衬衫、鞋子、皮带、外套、帽子和珠宝。然而，弗雷泽仍然扎根于非洲裔美国人的经历中。他讲述了自己作为九个孩子中老大的成长经历，当时“运动鞋是我衣柜里最热门的东西”。他还说，小时候“几乎每天晚上都用肥皂和刷子清洗他的运动鞋，这样到早上它们就会变得又亮又白”，他还说，“当我在亚特兰大肮脏的操场上打篮球时，我是如何准确快速地系鞋带的”。照片显示，他乘坐地铁，在纽约有涂鸦的公共球场打球。这些情景对许多年轻读者来说都是很熟悉的。他塑造的酷酷的潮人形象借鉴了非洲裔美国人的传统风格，并在当代的非洲裔美国人被非法剥削的电影、低俗小说、电视犯罪剧和疯克音乐（Funk）中找到了相似之处。在这个文化意识和自豪感日益增强的时代，他成为非洲裔美国人成功的象征。[14]

弗雷泽是彪马需要的那种超级巨星，以建立其在美国的地位，并保持与阿迪达斯的平手地位，甚至他的名字也是成功的同义词。据一位记者在纽约的公共法庭上说，“当有人开始叫你弗雷泽的时候，这说明你是一个大人物。”他的名气提升了彪马的形象，并确保了其鞋子出现在电视、报纸和杂志图像上的频次。颜色鲜艳的仿麂皮篮球鞋，尽管不是弗雷泽在尼克斯队穿过的颜色——1972年3月左右在大众市场上推出。为了纪念弗雷泽，这款鞋被重新命名为“克莱德”。它的侧面印着弗雷泽的金色签名，并装在印有他微笑肖像的盒子里出售。最初，商品说明书上称这款鞋为“沃尔特·弗雷泽设计的克莱德”，感觉就好像这双鞋是他自己设计和制作的。产品说明书上列出了这款鞋的特点，但与阿迪达斯的款式不同的是，这款鞋既是普通休闲鞋，也是专业运动鞋。广告称它是一种“休闲”鞋，并表示它同时适合场内和场外穿着。其中一张照片拍摄于1973年，照片上弗雷泽穿着休闲鞋，搂着三个白人男孩，照片上的文字写道：“无论是在场上还是场外，弗雷泽都感谢彪马全系列休闲鞋和篮球鞋给他带来的舒适和支持。就像这里展示的舒适的‘克莱德’鞋。”彪马最大的创新可能是用色彩鲜艳的绒面革制作鞋子，这些颜色表面上与球场上的制服相配，因此它们开辟了一个新的服装领域。正如广告所暗示的那样，它们可以在场外穿着，这种轻松、休闲的服装在美国各地的青年男女中越来越流行。欧洲消费者可能已经习惯了西德运动鞋使用的红、蓝、绿色的皮革，但对于在“全明星”等单色运动鞋中长大的美国消费者来说，这双鞋是一个令人吃惊的发展。这双鞋是粉丝接近克莱德的一种方式，穿着他的鞋走路和跑步，因为这是一种新的、更有活力的日常鞋。[15]

阿迪达斯和彪马的到来让美国制造商们不知所措。1969年，《体育画报》指出，“匡威正在关注阿迪达斯在篮球领域的入侵”，而当时美国公司正努力应对西德公司的竞争。西德球鞋，尤其是超级巨星，改变了篮球鞋的设计和构造（尽管它们在风格上借鉴了旧的款式）。阿迪达斯将“超级巨星”描述为“几乎所有人都试图模仿的篮球鞋”，这在一定程度上是有道理的。从竞技体育的角度来看，帆布鞋已经死了。匡威和尤尼罗尔（Uniroyal，美国橡胶公司于1967年更名）推出了传统硫化鞋的绒面革和皮革版本。两家公司最初都试图模仿阿迪达斯的商标三道条纹，但到1976年匡威“全明星”专业鞋和1977年Pro-Keds Royal

图5.12　穿彪马鞋的沃尔特·弗雷泽（纽约尼克斯队）、穿匡威鞋的威尔特·张伯伦（Wilt Chamberlain，洛杉矶湖人队）和穿阿迪达斯鞋的吉姆·麦克米兰（Jim McMillian，洛杉矶湖人队），1973年NBA总决赛

图5.13　彪马“克莱德”篮球鞋，贝科塔（Beconta）产品型录，1974年

s Story — and another
ation PUMA and "CLYDE"
est selling shoe —
at colors —

the following colors:
— Kelly green with white Puma Formstrip
— Gold with black Puma Formstrip
— Royal with white Puma Formstrip
— Scarlet with white Puma Formstrip

E "CLYDES" TO BE

A Walt Frazier signature shoe Specially
ger players —
e suede lined for added strength
p with gold trim
TP
ur-Grip sole
Sizes 3-12

Page 17

Master鞋推出后，美国公司才开始效仿销售特殊鞋底的皮鞋，就像“克莱德”和“超级巨星”上的那种鞋底。然而，此时的西德公司已经在为他们年迈的篮球老将寻找替代品。1979年，阿迪达斯与篮球专业人士合作推出了价值100美元的十大运动鞋。这一模式为篮球鞋商业模式建立了一个新的模板，之后它取代了超级巨星，成为可以复制的鞋，把美国制造商远远地甩在了后面。[16]

* * *

美国买家对阿迪达斯和彪马的鞋子的反应各不相同，很大程度上是因为这两家公司在美国市场的定位不同。在篮球运动员中，“超级巨星”几乎被公认为现代运动中最先进的运动鞋。无数的精英球员——无论是职业球员还是其他类型的球员都穿着三条纹鞋，电视和杂志的报道就像是非官方的阿迪达斯的广告。在纽约尤其如此。卡里姆·阿布杜尔–贾巴尔（Kareem Abdul-Jabbar）是纽约人，也是20世纪70年代初的顶级明星之一。1978年，阿迪达斯继彪马之后推出了贾巴尔的标志性款式，而在这之前他就曾穿过“超级巨星”。根据罗伯特·博比托·加西亚（Robert “Bobbito” Garcia）为其关于纽约篮球和球鞋亚文化的百科全书式的收集的历史证明，“超级巨星”之所以更受欢迎，是因为“毁灭者”乔·哈蒙德（Joe Hammond）穿过它。哈蒙德是当地的公共球场的传奇人物，一位仰慕者称他为“篮球界的猫王”。在该市的公共球场上，其被认为是专为篮球运动员设计的球鞋。[17]

然而，在20世纪70年代初，即使是在可以说是世界上最重要的篮球市场纽约，“超级巨星”也很难找到，只有具备相关知识或人脉的人才能找到。阿迪达斯在20世纪50～60年代的增长和全球扩张，得益于与当地经销商达成的一系列协议。这使该公司在国外市场获得了立足点，但随着业务的增长，这些最初的安排开始遇到困难。在美国的销售由四家分销商负责，每家分销商负责获得那些遍布广大地区的独立体育用品商店的订单。因为该公司专注于供应精英大学生运动员和职业运动员，而不是零售，所以欧洲的工厂难以满足不断增长的需求。分销商经常抱怨订单被延迟完成、部分完成或根本没有完成。该公司也缺乏满足美国需求所需的基础设备。起初，阿迪达斯在美国东北部的分销商，位于下百老汇大街的卡尔森进口公司只销售这款鞋。由于供应有限，买家必须出示学校证明，并证明自己曾经打过篮球，才能购买篮球鞋。阿迪达斯未能将这款鞋推广到更广泛的消费者群体，这意味着在它推出的前几年，这款鞋主要在其核心的篮球运动员群体中被消费。然而，这种鞋难以捉摸的特性以及高昂的价格使它在纽约日益增长的运动鞋粉丝亚文化中更受欢迎。[18]

相比之下，彪马与总部位于纽约的运动器材进口商和分销商贝科塔签订了分销协议。凭借遍布全国的销售网络，以及从亚洲供应商订购彪马品牌产品的能力，贝科塔能够及时对市场趋势和不断变化的需求模式做出反应。这种安排确保了美国买家能相对容易找到彪马的产品。此外，与阿迪达斯的产品仅限于供应给传统的体育用品供应商不同，彪马则是通过普通的鞋店销售。当阿迪达斯成为精英篮球运动员的标配时，“克莱德”几乎立刻就在大街上获得了成功。弗雷泽曾表示，这款鞋子一上市，就已经在纽约及周边地区的门店销售一空。据估计，20世纪70年代共售出了100多万双。[19]

尽管“克莱德”很容易买到，但和“超级巨星”一样，它的价格也很贵，20～25美元，是匡威或Pro-Keds的两倍，比最便宜的帆布运动鞋贵5至10倍。广告把它描述成一种高档产品：“你应该穿彪马吗? 听着，这会让你付出代价的。”对于男生来说，高价只会增加这双鞋的吸引力，拥有它就增加了与弗雷泽的联系。1973年，《纽约时报》的一名记者采访了金沙初中的非洲裔美国学生，这所公立学校坐落在格林堡和布鲁克林海军造船厂之间，他发现在这里运动鞋是一种珍贵的身份象征。他的受访者们拒绝购买其他任何款式，除了他们所信仰的体育英雄所穿的，并以“敬畏的语气”谈到布鲁克林莫德尔体育用品店展出的“克莱德”款式，因为他们知道，这个款式几乎是在其他地方买不到的。尽管如此，许多人还是通过合法或不合法的方法来获得一双鞋。一位零售商接受《纽约时报》采访时表示，“看到一个穿着破旧牛仔裤和衣衫褴褛的运动衫的孩子走进店里，订购了一双25美元的彪马‘克莱德’运动鞋并不是一个罕见的现象”。加西亚称其为“这一时期最受追捧的鞋子”“第一双非帆布篮球鞋，作为时尚的纽约街头服饰而经久不衰”。这一时期的照片显示，它在城市中长大的年轻人中

4

图5.14 “全明星”职业篮球鞋，匡威产品型录，1977年

ball Shoes

All Star Professional Basketball Shoes

- Professional basketball shoes from Converse are made on lasts specifically designed for basketball competition
- High quality, single unit outsole construction for top traction and wear characteristics
- Soft and strong leather upper with padded tongue and ankle collar helps to provide comfort and support
- Heel wedge helps reduce leg strain and an extended lip arch provides support and comfort in the toughest competition
- Technically designed to incorporate lightness and durability
- Available in sizes 5–14, 15, 16, 17

- **El Marco coloring kits are available for use on all natural trim All Stars. These are provided to help dealers fill team order colors quickly, and respond to individual color preferences.**
- Case weights: 25 lbs. (12 prs. per case)

19764 White Ox/Navy Trim
19102 White Ox/Red Trim
19106 White Ox/Green Trim
19108 White Ox/Lt. Blue Trim
19293 White Ox/Gold Trim
***19295** White Ox/Maroon Trim
***19297** White Ox/Orange Trim
***19299** White Ox/Purple Trim
19790 White Ox/Natural Trim
19763 White Hi/Navy Trim
19103 White Hi/Red Trim
19107 White Hi/Green Trim
19109 White Hi/Lt. Blue Trim
19294 White Hi/Gold Trim
***19296** White Hi/Maroon Trim
***19298** White Hi/Orange Trim
***19300** White Hi/Purple Trim
19791 White Hi/Natural Trim
0080 el Marco coloring kit in assorted colors (12 per box)

*Maroon, orange and purple for team orders only; see your Converse representative for details.

图5.15 （左上图）阿迪达斯广告，1973年

图5.16 （右上图）篮球鞋，阿迪达斯广告，1976年

图5.17 （对页图）彪马运动鞋，贝科塔广告，1973年

很受欢迎。这种易脏难洗的绒面革鞋子变成了一种身份的象征，一种不切实际的炫耀性消费的形式。[20]

20世纪末，“超级巨星”和“克莱德”已经成为非常受欢迎的休闲鞋，特别是在纽约的青少年中，他们把其视为时尚的日常鞋。阿迪达斯在20世纪70年代末改变了其在美国的分销安排，从而使其产品更容易被消费者购买。在篮球领域，技术更先进的球鞋的推出意味着人们去职业篮球场和大学篮球场打球的日子都是需要排队的。之后的日子这两款鞋型仍在生产中，制造商将其重新定位为昂贵新鞋型的平替。它们被改造成多用途的运动鞋和休闲鞋。加西亚回忆起1980年在布鲁克林技术高中的经历，他发现“大约一半的学生（包括所有5个行政区的非洲裔美国人、亚洲裔美国人、拉丁裔美国人和欧洲裔美国人学生）”都穿着“超级巨星”的鞋子。彪马称“克莱德”是其“常年畅销鞋型”。正是这种流行使这双鞋成为嘻哈的代名词，嘻哈是一种青年亚文化，于20世纪70年代末从纽约外围的后工业废墟中兴起。[21]

* * *

Basketball shoes. Really great basketball shoes. The kind that help the pros and your players score. Like the No. 9681 Clyde, designed with the assistance of Walt "Clyde" Frazier. And made by Puma with uppers of top grade suede leather in bright Kelly Green, Scarlet, Gold or Blue with contrasting white Puma stripe. With heavy sponge insole and arch support. Wide last. White non-slip rubber sole. Padded heel and ankle and Achilles Tendon pad. It's only one of the top-performing shoes we make for today's teams. Another: our No. 680 Puma Basket, made on wide last with uppers of top grade white cowhide and contrasting black Puma stripe. And praised by coaches and players for its durability, quality and comfort. And for features like its white rubber non-slip sole, heavy sponge insole and orthopedic arch support, padded ankle, heel and Achilles Tendon pad. To see the entire line of Pumas for your players, write for free full color catalog and full information to Sports Beconta, Inc., 50 Executive Blvd., Elmsford, N.Y. 10523 or 340 Oyster Point Blvd., South San Francisco, Calif. 94080.

PUMAS from Sports Beconta.

图5.18 金沙初中穿匡威鞋的男孩，纽约布鲁克林，1973年

嘻哈音乐是在20世纪70年代末由来自非洲裔美国人、加勒比海和波多黎各的青少年随意创造出来的。它围绕着说唱音乐（Rap）、霹雳舞（也被称为b-boy）和涂鸦艺术（Graffiti）的三大支柱而形成。像大多数青年亚文化一样，它与自己的服装风格有关。服装的原料都是现成的，来自粗斜纹布、军用服装材料、工作服、运动服，但这些基本元素都经过了调整，目的是看起来“新鲜”。重点放在衣服看起来是新潮的或视觉上能引人注目。正如当时一位评论员所写的那样，“嘻哈乐迷想要看起来像动画片一样完美”。服饰是一种个人和群体的表现形式，青少年在其中将自己与外界区分开来，并将自己视为独特和更广泛的文化的一部分。然而，嘻哈风格可以归入一种更悠久的非洲裔美国人的服饰传统，这种传统表达并反映了非洲裔美国人与主流白人社会的复杂关系。[22]

篮球运动鞋是嘻哈风格的重要组成部分。当系上宽松、厚厚的丝带状鞋带的时候，人们会选择鞋子来搭配其他物品。这不足为奇。嘻哈音乐是由青少年创造的，他们很可能已经把嘻哈风格的穿着作为日常生活中的身份象征，在非正式的舞会上，舒适是很重要的。随着运动鞋逐渐成为时尚主流，运动鞋的消费也在全面增长。嘻哈音乐也与篮球密切相关：许多派对是在体育馆或公共球场举行的，与非洲裔美国音乐家一样，非洲裔美国球员提供了非洲裔美国人成

图5.19　穿彪马、Pro-Keds和匡威鞋的男孩，纽约南布朗克斯，1977年

功的典范。“克莱德”和“超级巨星”在纽约的人气确保了他们出现在无数的嘻哈活动中。慢跑运动的繁荣以及制造业、国际贸易和零售业的转变，意味着运动鞋比以往任何时候都更容易买到。如今，匡威和Pro-Keds的鞋子与耐克和波尼（Pony）等美国公司在亚洲生产的鞋子，以及许多不太知名的品牌和西德品牌的鞋子在一起进行竞争。大多数品牌在创造了嘻哈音乐的孩子中都受到一定程度的欢迎，当代照片中展示的各种运动鞋就说明了这一点。尽管如此，阿迪达斯和彪马仍然是最受欢迎的，这证明了它们的高品质和在精英运动员中的地位。

随着嘻哈音乐的确立，许多来自纽约的音乐、艺术和电影的局外人都被它的创造力所吸引。迈克尔·霍尔曼（Michael Holman）毕业于旧金山大学，是纽约实验性音乐和艺术舞台的参与者，他是将嘻哈推向更广泛受众的典型人物。在接触到嘻哈音乐之后，他成为最狂热的倡导者之一，并最终制作了有线电视节目《涂鸦摇滚》（*Graffiti Rock*），该节目于1984年在全美播出。在长达一小时的盛大表演中，节目向观众介绍了霍尔曼认为的嘻哈精髓。在一个布满涂鸦的工作室里，说唱歌手、DJ和霹雳舞演员在表演，而非洲裔美国人、西班牙裔和白人青少年则穿着典型的嘻哈风格的服装在跳舞。作为主持人，霍尔曼要求DJ解释自己的技巧，邀请说唱歌手展示歌曲节奏，并介绍了表演各种动作的霹雳舞演员。在一个片段中，霍尔曼介绍了罗斯玛丽（Rosemary）和迪诺（Dino），这是作为b-boy和b-girl的典型。两人都穿着“超级巨星”，系着宽大的鞋带。霍尔曼询问他们：

霍尔曼：你们看起来有些新意。给我讲讲你的时尚吧。你穿的这是什么鞋?

罗斯玛丽：这是一双有宽鞋带的阿迪达斯鞋。这就是我们炫耀它们的方式。

霍尔曼：你认为的时尚是什么？

罗斯玛丽：新颖!

霍尔曼（转向迪诺）：那你是如何认为的呢?什么样的外貌是你中意的?你怎么形容它?

迪诺：你知道的，我叫它b-boy。我有一双白色提花材质的阿迪达斯……我喜欢新颖的。

在推广这部电视节目的同时，霍尔曼还出版了《街舞和纽约城的街舞舞者》（*Breaking and the New York City Breakers*）一书，他希望这本书也能将嘻哈音乐传播给更广泛的观众。这显然是针对年轻读者的，它配有涂鸦摇滚和其他嘻哈活动的照片。阿迪达斯和彪马的鞋子经常出现在杂志的目录页上，一双系着宽松鞋带的“超级巨星”鞋，是一幅预示着未来的代表性图片。在一份嘻哈时尚必需品清单中，霍尔曼写道：“阿迪达斯运动鞋是全新的，或者至少看起来是全新的，系着厚实的鞋带，完美的交叉设计，而且从不紧绷你的脚……保持松散。”[23]

霍尔曼并不是唯一一个将嘻哈音乐传播给更多听众的人。稳步摇滚成员是一群来自南布朗克斯的霹雳舞舞者，曾在马尔科姆·麦克拉伦（Malcolm McLaren）1982年的单曲《布法罗的姑娘》（*Buffalo Gals*）的MV中亮相。当他们的单曲《嘿，你—稳步摇滚舞者》（*Hey You-The Rock Steady Crew*）风靡全球时，他们一度成为流行歌手。单曲的MV封面上画着这支乐队的漫画，四个人穿着“超级巨星”，两个人穿着“克莱德”。嘻哈是1983年纪实小说电影《潮流之战》（*Style Wars*）和《狂野风格》（*Wild Style*）的核心，玛莎·库珀（Martha Cooper）和亨利·查凡特（Henry Chalfant）在1984年关于纽约涂鸦的畅销书《地铁艺术》

图5.20 “这是一个男孩和一个女孩在现场！”穿阿迪达斯“超级巨星”的罗斯玛丽和迪诺在和迈克尔·霍尔曼合作《涂鸦摇滚》，1984年

（*Subway Art*）中也是如此。1984年，好莱坞凭借《热街小子》（*Beat Street*）和其他霹雳舞电影也加入了这一行列，彪马为许多主演提供了舞鞋和服装。出版商凭借《霹雳舞!》（*Breakdance!*）杂志在服装方面指导读者“如果你想看起来更嘻哈，你必须具备的单品清单”。霍尔曼和其他人将一种高度本地化的文化转变为一种全球现象，但他们在传播的过程中，将风格多样性变成了一种更统一的“嘻哈风格”。纽约街头风格被编码成一系列容易复制的图像，抹去了很多原始的含义。在20世纪80年代中期，一个嘻哈音乐还没有进入主流的时代，书籍和电影提供的图像可以被复制。由于不容易接触到真正的b-boy或b-girl，说唱乐迷们只能在纽约稀缺的视觉复制品中寻找真正的b-boy或b-girl。像“克莱德”和“超级巨星”这样的鞋子成了图腾。它们对纽约男女青少年的意义更广泛，它们不再主要与篮球联系在一起，而是成为嘻哈文化的整体象征。[24]

* * *

在经历了20世纪80年代初流行文化边缘的冒泡后，乐队Run-D.M.C.出现了。他们首次在电视上亮相便将嘻哈风格推向全球的聚光灯下。这是来自皇后区的三个非洲裔美国青少年，在1984年首次亮相。Run-D.M.C.发行的第一张说唱专

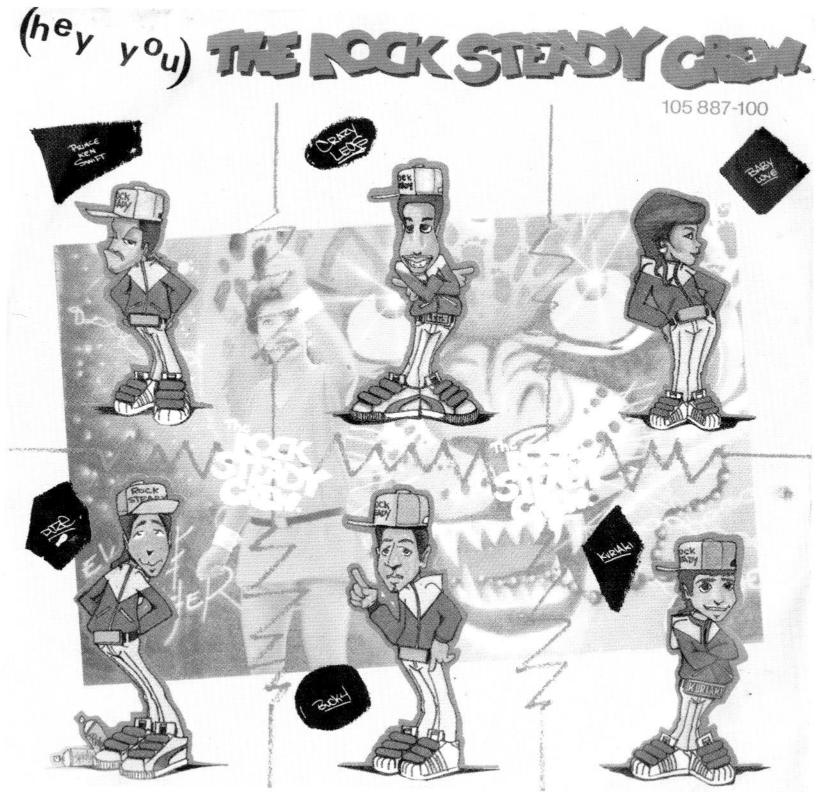

图5.21 《嘿，你》系列中的《稳步摇滚舞者》封面，维珍唱片公司，1983年

辑就获得了黄金地位。他们是第一个获得格莱美奖提名的说唱艺人，是第一个出现在MTV、《美国舞台》(*American Bandstand*) 和《滚石》(*Rolling Stone*) 的封面上的乐队，也是唯一一个出现在"拯救生命"(Live Aid) 演唱会的乐队。在服装方面，这个组合从街头汲取灵感，即使是在成为国际流行巨星之后，他们也选择穿得像他们在纽约的同龄人一样。他们穿着黑色牛仔裤、黑色皮夹克和阿迪达斯运动鞋，没有鞋带，模仿黑人囚犯越狱时拆掉鞋带的样子。这种具有早期说唱表演的华丽、戏剧化风格，并通过唱片、照片、音乐录影带和个人形象在世界各地进行传播。该乐队的形象标志着他们与孕育他们的街头文化的直接联系，"超级巨星"是他们真实性的象征。与此同时，三人的运动鞋也很容易被认出，也很容易被复制，这是他们从地下走向主流商业成功的标志。他们的形象是由他们的经理拉塞尔·西蒙斯 (Russell Simmons) 精心培养的，他是嘻哈界最精明的企业家之一。就像甲壳虫乐队的拖把头，或海湾城市摇滚乐队的格子呢，Run-D.M.C.通过阿迪达斯在视觉上给人留下了深刻的印象，并为粉丝们提供了一种方便的方式，通过这种方式，他们可以展示自己对该乐队的喜爱。年轻的粉丝们开始寻找这种老式的篮球鞋，仅仅是因为它是Run-D.M.C穿

图5.22　摇滚舞团成员穿着彪马、Pro-Keds、阿迪达斯和耐克在布克·T.（Booker T.）华盛顿初中的院子里，纽约，1983年

过的。[25]

嘻哈，尤其是Run-D.M.C.，它为运动鞋零售商和生产商提供了一个明确的营销机会。从更广泛的运动服装时尚中受益并推动其发展的体育用品商店注意到了Run-D.M.C.，并安排他们来店内演出，将阿迪达斯的产品和唱片与其他周边商品一起销售。彪马很早就认识到休闲用品和非体育用品市场的重要性，并在美国波士顿设立了一个独立的部门：彪马美国公司，在美国负责销售和市场营销，这确保了彪马美国公司的管理层时刻与美国流行文化的发展紧密相连。该部门为《热街小子》提供鞋子和服装。这部电影在主流影院发行，并成为全球嘻哈文化和风格传播的最重要因素之一。它为彪马赢得了巨大的曝光率，并巩固了该品牌与纽约街头文化的联系。但随着弗雷泽退役，它与篮球的联系逐渐消失。"正如电影《热街小子》中出现的那样"，潜在买家被要求"穿上能让他们在街上跳舞的鞋子"。这双鞋"非常适合打篮球、搭配休闲服和跳霹雳舞"。[26]

与此同时，阿迪达斯似乎不知道如何应对这一意想不到的变化。回到西德，许多人对他们最成功的模式变化不是不了解，就是感到困惑。赫佐根奥拉赫的老板们对嘻哈和Run-D.M.C.乐队基本一无所知。对他们来说，"超级巨星"只是一种容易生产的老款鞋，可以为进一步的研究和开发创造利润。[27]该公司开始培育休闲市场，但许多人担心，与时尚的联系可能会损害该品牌在运动市场的地位。值得注意的是，即使是在20世纪80年代中期增加了一个名为"流行"的栏目之后，阿迪达斯在赫佐根奥拉赫的《阿迪达斯新闻》（*adidas News*）中也并没有这款产品。直到1986年，当Run-D.M.C.发布了单曲《我的阿迪达斯》（*My Adidas*），阿迪达斯才开始注意到这一点。这首歌可以被排入嘻哈音乐早期的怀旧编年史，写于阿迪达斯被耐克和锐步赶出纽约街头和篮球场之时。这首歌的歌词是："My adidas and me, close as can be/ We make a mean team, my adidas and me"（歌词大意：我的阿迪达斯和我，亲密无间/我们组成了一个有意义的团队，我的阿迪达斯和我）。这首歌讲述了该组合的成功，并强调了他们的20世纪80年代初的纽约街头文化。更讽刺的是，这首歌是为了吸引阿迪达斯的注意，并确保该团队对销售的影响在财务上得到承认。这促使阿迪达斯在洛杉矶负责代言

图5.23　穿着"超级巨星"的Run-D.M.C.，纽约，1985年

Run

和广告植入的经理安吉洛·阿纳斯塔西奥（Angelo Anastasio）参加了他们在麦迪逊广场花园举办的返乡秀，他目睹了数千名粉丝在演唱《我的阿迪达斯》时将鞋子举到空中。至此，品牌方所有的疑问和顾虑都消失了。霍斯特后来签署了一份合同，使Run-D.M.C.成为第一个正式代言体育用品公司的非体育明星。[28]

然而，“超级巨星”已经接近其产品周期的尾声，从体育的角度来看已经过时了。但阿迪达斯的高层职员对有机会销售过时型号产品表示欢迎，[29]因为随着20世纪80年代接近尾声，该公司面临严重的财务困难，其市场地位受到挑战，并被竞争对手超越。球鞋交易在NBA已经很普遍，不同的公司会付钱给球员穿他们的球鞋。从20世纪70年代末开始，耐克就把目标对准了高中篮球运动员和教练，旨在让运动员在进入大学或职业联赛之前习惯穿耐克鞋。到20世纪80年代中期，这种长期战略的效果开始显现，在全国各地的篮球场上，耐克取代了阿迪达斯。红黑相间的耐克Air Jordan鞋在20世纪80年代中期成为必备休闲鞋。[30]面对不断下滑的市场份额，阿迪达斯与Run-D.M.C.签订了代言合同。阿迪达斯推出了运动鞋和服装，包括受“超级巨星”启发的“超星”（Ultra Star），这是一款不需要系鞋带的休闲鞋。乐队组合出现在商品展览和宣传材料中，电视广告推动乐队和品牌，该公司还帮助宣传了该乐队1988年的《比皮革更坚韧》（*Tougher Than Leather*）的巡演。这笔交易得到了回报。营销部门表示，美国粉丝对该公司在美国推出的“Run DMC T恤、运动衫、背心和训练服”系列产品表现出了“疯狂”。Run-D.M.C.使其销售额超过约1亿美元。[31]

* * *

阿迪达斯的“超级巨星”和彪马的“克莱德”源于两家公司的野心和竞争。它们最初只是篮球鞋，为满足“二战”后人们对更结实的篮球鞋的需求而设计，并为阿迪达斯和彪马进入利润丰厚的美国大众市场提供了机会。它们的设计和制造不仅取决于运动员的物质需求，还取决于达斯勒公司愿意接受并投资于新的生产方式。在最初，它们被认为是顶级的、技术先进的篮球鞋，与精英球员联系在一起，因此很受欢迎。正如阿迪达斯和彪马所希望的那样，它们在篮球领域的重要性增加了它们在球场外的受欢迎程度，并在美国的运动鞋营销中开辟了一个长期的趋势。与顶级球员的联系使它们成为街头的流行服饰，尤其是在纽约的青少年中，正是因为Run-D.M.C.导致了他们穿着它们。Run-D.M.C.是20世纪80年代早期嘻哈音乐的创造者，但嘻哈音乐的全球传播使他们成为一种象征力量，这掩盖了他们与篮球的联系。随着Run-D.M.C.和其他说唱艺术家的成功，以及《热街小子》等电影的流行，他们代表着人们对嘻哈音乐和文化的热爱，但是在欧洲这两种模式都没有被大量营销或广泛传播。[32]

到《圣诞说唱》发行的时候，“超级巨星”和嘻哈音乐之间的联系已经很好地建立起来了，出版社的高管们肯定已经意识到了这一点。实际上，嘻哈与篮球鞋是如此密切相关，存在已经超过十八个月的“贝壳头”和“宽鞋带”都已过时，被开创说唱音乐新时代的 De La Soul 乐队嘲笑。[33]阿迪达斯和彪马长期以来一直试图将自己与顶级运动员联系在一起，但事实表明这段时期他们与嘻哈和纽约街头风格的联系使他们的发展更加有机。这是他们在20世纪60年代进入美国篮球市场，以及篮球在纽约青少年中重要性的一个意外结果。正是通过公司外部人士的努力，这些联系才得以传播开来，其中包括那些试图向更广泛的听众推广嘻哈音乐的人，一支试图打造独特造型的年轻乐队，以及希望从运动服装的时尚中获利的小型零售商。当阿迪达斯和彪马正式认可嘻哈音乐时，两者之间的联系已经很好地建立起来。对许多消费者来说，“超级巨星”和“克莱德”已经是时尚服饰，而不是运动装备。而后阿迪达斯和彪马相应地调整营销策略，尽管阿迪达斯和彪马尽其所能将这些鞋子与精英运动联系在一起，但他们从未能控制其产品如何被接受，也无法控制购买它的人们如何使用这些产品。在人们理解运动鞋的方式上，消费者的影响和制造商一样大。它与嘻哈音乐的联系是独立发展起来的，正因为如此，这种鞋至今仍在生产，自从它们被推出已经发售了超过40年和数百万双。然而，这一进程并不局限于美国。在英国，人们对运动服的看法也在20世纪80年代发生了变化。在那里，这种转变以一种完全不同的形式出现，因为鞋子进入了不同的参考框架，并融入英国足球的激烈竞争。

第6章

足球看台上的时尚

图6.1　安菲尔德球场外，利物浦，1980年

改变对运动鞋观念的不只是美国青少年。20世纪80年代初，在英国的各个城市里，年轻的男工人都被运动装所吸引。来自默西赛德郡的年轻记者凯文·桑普森（Kevin Sampson）在流行时尚杂志《面孔》上写道，从利物浦的球迷开始，到后来全国的球迷都变得"更加注重体育运动的形象，而不是俱乐部本身"。运动鞋，搭配牛仔裤、polo衫、运动上衣和夹克，组成的休闲风格的运动形象，与不同足球俱乐部看台形象上的攀比有关。因此，工艺先进、高度专业化的运动鞋成为时尚单品。到1981年初，桑普森又写道："这个国家的每一支球队都能够夸耀自己拥有一大批明星选手，每一支球队都试图在看台的形象上超越他人。"这种时尚的发展也引起了社会科学领域两位年轻学者的注意。1985年，史蒂夫·雷德黑德（Steve Redhead）和尤金·麦克劳克林（Eugene McLaughlin）在《新社会》（*New Society*）中写道，"青少年穿T恤、直筒牛仔裤（或运动服）、运动鞋、梳体面的发型，是一场时尚的战争，这是自20世纪60年代最初的摩登时代以来从未见过的、非常激烈的、争夺着谁才是最时尚的人的战争。"[1]

运动鞋在年轻的英国足球迷中受重视的程度是制造商和体育用品零售商始料未及的。与此同时，美国也发生了类似的事情。国际运动品牌在体育场外越来越受欢迎，这反映了全球电视转播体育运动的兴起，以及某些鞋类生产商（尤其是阿迪达斯和彪马）在精英阶层的主导地位。然而，在英国，人们对运动鞋的看法是由不同地区的运动鞋制造商不同的销售和分销策略，以及各大公司为体育赛事生产越来越专业的运动鞋的想法所决定的。这些结果共同导致了一系列不同的运动鞋的出现，这些运动鞋可以从美学和档次的角度重新解读，而不仅仅是在运动中的表现。与此同时，正如雷德黑德和麦克劳克林所指出的，英国足球的地区身份赋予了足球鞋新的含义。足球场上大品牌的崛起使运动鞋在球迷之间更受欢迎，而球迷之间的竞争又创造了条件，使鞋子成为可以被视为时尚地位的象征，并通过企业和时装零售商传播给更广泛的受众。但它始于看台上年轻球迷的追捧，并由球场上明星球员的穿着塑造。

* * *

现代英式足球，或者足球，起源于英国的19世纪晚期。或许可以理解为，英国鞋业引领了世界足球鞋的潮流。20世纪初，英国的公司为了在这个利润丰厚的市场上分得一杯羹而展开了竞争：1910年，仅曼菲尔德一家公司就卖出了超过10万双热刺款式的鞋。制造商之间的竞争和明星球员内部的竞争加速了鞋品的创新。在20世纪，带有山脊状的鞋头和脚背橡胶衬垫的球鞋提高了球员控球的能力，而非拉伸衬垫被用于提高鞋与球的配合度。莱斯特的制造商M. J. 赖斯父子（M. J. Rice & Son）公司为一款鞋底的钉和棒状结构申请了专利，这种鞋底旨在提高抓地力，获得了当时最著名的前锋史蒂夫·布卢默（Steve Bloomer）的支持，并声称他们的鞋子款式为“史蒂夫·布卢默的幸运进球得分者”。英国公司在草地上，通过对皮革、图案和鞋楦的试验，以及开发新的生产设备和材料，生产出种类繁多的足球鞋。这些变化是在一个广泛的范围中进行的。足球鞋通常是由坚硬的皮革制成，帮面很高，并有加固的鞋头，以应对沉重的足球和泥泞的球场。[2]

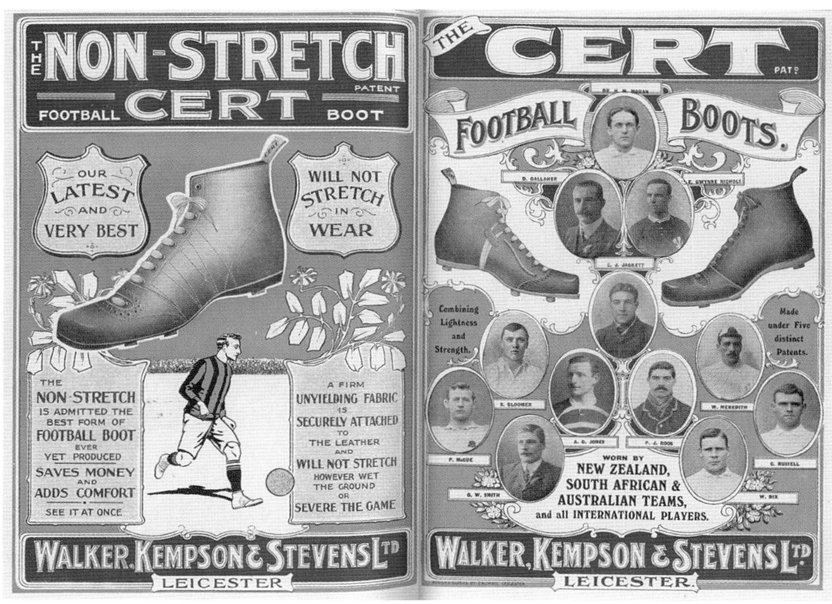

图6.2 （左上图）Cert足球鞋，沃克，肯普森（Walker，Kempson）& 史蒂文斯（Stevens）广告，1909年

图6.3 （右上图）史蒂夫·布卢鲁默的幸运进球得分者足球鞋，M. J. 赖斯父子公司广告，1948年

图6.4 （对页图）伍尔弗汉普顿的狼队守门员贝尔特·威廉姆斯（Bert Williams）在展示他的足球鞋，1950年

第一次世界大战期间，军用鞋被优先生产，当民用鞋恢复生产时，许多制造商又恢复了战前的设计。爱德华时代是英国足球鞋发展的鼎盛时期。足球市场在爱德华时代建立起来的品牌和模式一直延续到20世纪。高帮面、厚重的皮靴仍然是整个行业的标准。史蒂夫·布卢默退役六年后，他的“幸运进球得分者”仍在出售。但由于第二次世界大战，生产再次中断，和以前一样，疲惫的制造商们后来又回到了原有的型号上。1948年，M. J. 赖斯父子公司做广告时旁边的照片是该公司已故的创始人，留着胡子、秃顶、白发，这很难说是一张年轻人的照片，尽管这些足球鞋可能是自问世以来为数不多没有改变的产品，但它的创始人已经去世十年了。曼菲尔德20世纪50年代的热刺款式与20世纪初的热刺款式非常相似。广告认为这些靴子非常适合球员的需求，但实际上它们更多地反映了制造商的利益和关注点。在经历了战争的挑战以及材料和劳动力的短缺之后，英国制造商坚持尝试和测试鞋品的设计，从制作工艺的角度来看，这些设计几乎没有什么挑战。也对足球鞋设计几乎没有改变。比起让靴子进入市场，球员们更关心的是这些鞋子在比赛中起多大作用[3]。

制造商们与英国足球的顶尖运动员关注点不一致，他们在20世纪40年代末

WEBBER
PREMIER
The 'OPEN'
Championship
A. D. LOCKE
WREN'S
The AJAX

开始质疑英国靴子设计的正统观念。传统的球鞋可以保护球员不受剧烈运动和沉重足球的伤害，但鞋穿在脚上很笨重，限制了球员对球的感觉和控制能力，皮革鞋底和饰钉在潮湿时变得沉重和变形。1949年，英国足球协会开始考虑如何改善这种状况。为了找到制造更轻、更合脚鞋子的方法，该公司请英国鞋类联合贸易研究协会的研究人员进行调查。通过与球员交谈和收集数据来提高运动鞋在比赛中的持久性，研究人员提出了一些轻量级的设计，这些设计受到了英国国家队球员的欢迎。然而，英格兰足球总会承认，“长期研究的结果要在普通俱乐部球员使用的球鞋上看到，还需要一些时间。”[4]

图6.5 斯坦利·马修斯足球鞋，合作批发协会广告，1955年

英国足球界的其他人也认识到，如果球员想要跟上现代足球的步伐，就需要改进他们的球鞋。1950年，英国最著名的足球运动员斯坦利·马修斯（Stanley Matthews）从短暂的巴西世界杯赛事回到英格兰，南美球员穿的轻质低帮足球鞋给他留下了深刻的印象，于是他请英国最大的足球鞋制造商之一——合作批发协会，模仿生产他带回来的一双鞋。合作批发协会随后推出了一系列灵活、轻便的鞋子，其中包含马修斯倡导的许多功能。在流行的足球杂志和鞋业出版社的广告中，这种鞋被描述为“更轻、更灵活、更现代、更快”，并表示这种鞋将“在英国足球界引起轰动”。他们会“提高球员的速度和技术，并消除脚部疲劳”。“这双球鞋非常成功，业余和职业球员都会穿它”。20世纪50年代初，全美各地的合作批发协会商店卖出了50多万双球鞋。然而，尽管有这些能更好地迎合运动员需求的尝试，英国生产的大多数鞋子仍然遵循爱德华时代建立的旧模式。[5]

在1953年和1954年英格兰连续两年输给匈牙利之后，球员要求更换英式足球鞋的呼声越来越高（1953年11月，英格兰队在温布利球场以3：6败北，这是他们首次主场负于不列颠群岛以外的球队；1954年5月，在布达佩斯以1：7败北）。英格兰足球总会秘书斯坦利·劳斯（Stanley Rous）敦促英国球员采取“4-4-2大陆式体系”的方法，“加强训练，更熟练地控球和更长的赛前热身运动”。球员的鞋子似乎象征着英国傲慢的保守主义，有些人认为这种保守主义已经压倒了比赛。英格兰足球总会的成员们在1955年写道：“直到最近，我们都认为更

THERE'S MATTHEWS' MAGIC IN THESE BOOTS!
Lighter even than the "Continental" model (and stronger!) C.W.S flexible Football Boots—designed on ideas by Stanley Matthews—are the most modern in the game to-day!
H90
Black, streamlined, flexible, lightweight model.
For those who still prefer the conventional style there is H7759 in Jungle Hide.
H7766
Russet Kip streamlined model.
C·W·S
STANLEY MATTHEWS
Lightweight Football Boots
C.W.S Footwear Department
Distributive Centres: MANCHESTER · NEWCASTLE · LONDON · BRISTOL · CARDIFF

换鞋子是理所当然的”“多年以来，它们的设计很少发生变化；每个人都认为它应该更加结实，脚趾和脚踝部位都要加固，而且要配上传统的鞋带和鞋钉”“战后在英国踢球的欧洲大陆球队中，有几支球队都穿了轻得多的球鞋，这让许多教练和其他人都在问，我们是不是太自满了”。欧洲方面对速度和灵活性的强调，以及他们超过英国对手的结果迫使英格兰足球总会考虑英国的鞋子是否不够轻，以及制造商是否充分利用了战后可用的新型合成材料。该组织想知道，英国足球运动员是否真的应该“穿他们父亲（或祖父）曾经穿过的那种球鞋”。尽管欧洲大陆的成功刺激了球队对合作批发协会的足球鞋的需求，但大多数制造商不愿改变或不具备改变的能力。当欧洲大陆的制造商接受新的合成材料时，英格兰足球总会报道说，大部分英国生产商“认为新材料没有必要，或者已经得出结论，生产困难太大”。随着这项运动的速度和技巧的提高，英国制造商被甩在了后面，他们生产的球鞋非但没有帮助运动员发挥，反而阻碍了比赛的进行。他们的不愿改变，最终导致了英国足球鞋制造业的消亡。[6]

* * *

在西德，达斯勒夫妇长期以来一直在制定足球鞋的新标准方面发挥着重要作用。阿道夫是一名业余选手，他意识到比赛中球员的大部分时间都花在跑步上，而不是踢球上，沉重的鞋会增加疲劳。因此，他采用较轻的皮革来减轻鞋的重量，并去掉了沉重的鞋头，以增加球员的球感和控球的能力。在20世纪30年代，达斯勒为西德国家队提供足球用品。1948年以后，阿迪达斯与彪马之间的竞争引发了一系列创新之争，它们都试图占领广阔的西德足球市场。这两家公司都生产轻量型足球鞋。在20世纪50年代早期，两家公司都推出了旋入或钉柱鞋底，这种钉柱可以根据地面条件进行更改，并延长鞋子的寿命，而反复将替换件旋入真皮鞋底会造成孔洞并进水，因此在真皮鞋底中加入塑料或使用橡胶鞋底，可使钉柱位置不再进水。达斯勒公司给许多西德顶级球队提供球鞋，并利用他们与精英阶层的关系来推动大规模的销售。然而，在鲁道夫与约瑟夫·塞普·赫尔贝格（Josef Sepp Herberger）闹别扭之后，阿道夫立即与这位国

图6.6 阿道夫·达斯勒展示阿迪达斯足球鞋的旋入式模塑橡胶钉柱，1954年

家教练建立了密切的关系，并为西德球员量身定做了一系列试验足球鞋。此后，国家队便开始为阿迪达斯鞋子做宣传。[7]

1954年世界杯足球赛为阿迪达斯提供了一个在世界舞台上展示的机会。这是战后第一次有西德参加的比赛，也是第一次在欧洲广泛播出的比赛。阿道夫陪同西德队参加了比赛。就在巴西队在雨中与夺冠热门匈牙利队进行决赛前，他决定使用更适合湿漉漉的草皮的长钉。这是一个重要的决定。在一场被西德人称为“伯尔尼的奇迹”的比赛中，西德在开局落后两球的情况下，最终以3：2取胜。西德的成功部分归功于达斯勒在最后一刻改变了鞋钉，更普遍地说，归功于西德球员穿的阿迪达斯鞋在技术上的优势。赛后，阿道夫加入了赫尔贝格和筋疲力尽的球员们的行列，被西德媒体称为“鞋子将军”。这场胜利被普遍解读为西德战后复兴的证明，而阿迪达斯的产品则证明了西德的技术创造力和制造实力。随后阿迪达斯充分利用这种宣传，对于全球范围内的球员、教练、足球联合会和提供这些产品的体育用品商来说，阿迪达斯的产品引起了他们的兴趣。1954年至1955年间，阿迪达斯的利润大致翻了一番。到1961年，阿迪达斯是世界上最大的足球鞋生产商，出口到66个国家。该公司的员工人数从1948

图6.7 （左图）斯图亚特·苏里奇的广告，1957年

图6.8 （对页图）英格兰球员汤姆·芬尼(Tom Finney)、莫里斯·塞特斯（Maurice Setters）、比利·赖特（Billy Wright）和鲍比·查尔顿(Bobby Charlton)，后面是杰夫·霍尔（Jeff Hall）都穿着三条纹鞋，1958年

年的50人增加到现在的500人。[8]

* * *

正值人们开始对英国制造商的产品质量表示担忧之际，阿迪达斯足球鞋进入了英国。1954年底，当世界冠军在英格兰比赛时，英国球鞋导致的失败变得太明显了，不容忽视。1954年12月，西德球员在温布利球场与英格兰队的比赛中穿的阿迪达斯Oberliga球鞋就是其中一款受到推崇的欧洲球鞋。英格兰足球总会指出，“鞋底似乎是由一种天然橡胶复合材料制成的，并用高苯乙烯树脂加固。”这种鞋还引起了《每日见闻报》（*Daily Sketch*）的注意，该报在一篇题为“多棒的达斯勒!”中指出，“西德特产”的重量只有“正统英国足球鞋”的一半。报纸列举了这款鞋的创新之处，包括“可适应地面条件的旋入式钉柱、脚踝处的破缝、在脚背下处系带、柔软的鞋头和泡沫橡胶的内里”。读者被告知这些鞋子“在伦敦出售，零售价为98英镑”，是“普通英国产鞋子”价格的两倍。伦敦的巴尼·古德曼（Barney Goodman）和斯图亚特·苏里奇（Stuart Surridge）等主要运动零售商决定进口并推广阿迪达

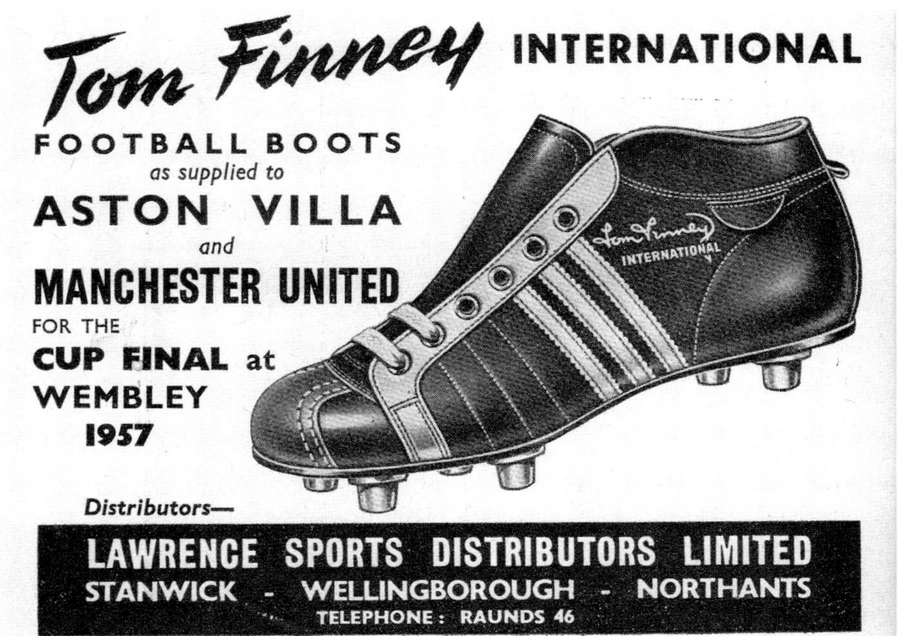

图6.9 汤姆·芬尼国际足球钉鞋，劳伦斯体育广告，1957年

斯，这使得昂贵的运动鞋被许多专业人士采用。1957年世界杯决赛后，苏里奇在广告中宣传阿斯顿维拉足球俱乐部和曼联足球俱乐部的球员穿着阿迪达斯的“世界著名足球鞋”，这双鞋的三条白色条纹在赛前照片中清晰可见。“大陆式”足球鞋的流行体现在英国公司生产复制品的速度上，以及阿迪达斯风格的条纹出现在英国生产的鞋子上。正如《鞋与皮革记录》的作者在1961年指出的那样，“在过去的四五年里，发生了一场革命。当欧洲大陆的球员们开始展示他们的速度和灵活性时，他们很快就意识到，至少在一定程度上，这要归功于他们所穿的轻便灵活的球鞋。几乎一夜之间，旧的球鞋就被淘汰了，现在的足球鞋几乎和跑鞋一样轻。”到20世纪50年代末，传统的鞋子已成为历史。[9]

1961年，阿迪达斯与英国运动服装制造商茵宝达成分销协议，后者与许多体育用品零售商和足球俱乐部都有密切关系。阿迪达斯的球鞋很快就出现在几乎整个英格兰甲级联赛的赛场上，在全国各地的体育用品商店都能买到。足球杂志上的广告宣称阿迪达斯是“世界上最好的运动鞋”，并展示了1961年托特纳姆热刺队、联赛冠军和世界杯冠军所穿的球衣和球鞋。在1962年的智利世界杯

图6.10　茵宝&阿迪达斯广告，1961年

上，英格兰队和其许多竞争对手一样，几乎都穿着阿迪达斯的球鞋。在1966年的英格兰世界杯上，茵宝为开幕式提供了服装，确保参加比赛的运动员都会穿上阿迪达斯的鞋。在世界杯期间，阿迪达斯和彪马都秘密向球员发放现金，以说服他们穿上自己的球鞋。大多数人选择了阿迪达斯，因为它一直在球场上出现。在英格兰对西德的决赛中，22名球员穿着阿迪达斯，这确保了阿迪达斯永远与英国足球最伟大的胜利联系在一起。[10]

到20世纪70年代初，大多数顶级球员都穿阿迪达斯或彪马运动服，观看比赛的人都很清楚这一点。在英国，国内的足球鞋制造商基本上已经从精英足球领域消失了。可以追溯到爱德华时代的制造商消失，这是20世纪60年代英国制鞋业整体衰退的一部分。阿迪达斯和彪马通过代言协议、赠送鞋以及保证产品质量的承诺，确保了像吉米·希尔（Jimmy Hill）的《足球周刊》（*Football Weekly*）和《进球》（*Goal*）这样的男生足球杂志上满是穿着三条纹鞋的球员照片。媒体报道起到了非官方广告的作用，在20世纪70年代和80年代，西德公司在年轻粉丝中建立了吸引力。正如M. J. 赖斯意识到的那样，与明星球员的联系有助于形成大规模销售；职业选手穿着许多业余选手和年轻选手梦寐以求的球衣。最重要的是，阿迪达斯和彪马，像它们的英国竞争对手一样，提供给专业人士鞋子。广告的目的是强调阿迪达斯的球鞋是“世界上75%的顶级球星所穿的”，并将顶级的“AD 2000”与更便宜的“年轻”型号联系起来。与茵宝足球衫的复制品一样，阿迪达斯的大众市场模式也让年轻的足球迷们沉浸在他们心目中的英雄的光环中。[11]

* * *

在桑普森的记忆中，足球运动服在1976年开始流行。他曾写道，作为一名14岁的利物浦球迷，在慈善盾杯对南安普敦的比赛中，他看到一小群16岁和17岁的利物浦球迷站在温布利球场外，“随意”地穿着直筒裤、阿迪达斯T恤和阿迪达斯训练鞋。与“飘动的牛仔布、羽毛、发髻和丝巾的海洋”相比，这些年轻的潮流引领者形成了鲜明的对比。这种风格与不久前的看台上观者的鞋款截然不同。从20世纪60年代末开始，随着年龄较大的男性放弃足球运动，转向其他休闲活动，英国足球越来越多地与年轻球迷之间的暴力冲突联系在一起。许多年轻的球迷穿着古怪的服装，以强调对俱乐部的忠诚，并恐吓对手。1968年为政府准备的一份报告中指出：“足球看台上的许多不规范行为是由于青少年……”作者发现，“最狂热的粉丝”“穿着更引人注目的服装”。1974年，《新社会》杂志上的一篇文章描述了两名伦敦曼联球迷的精心打扮：“一个身上穿着褐色的衬衫和背心，宽松的棕色裤子和红白两色的鲍勃帽（Bob cap）”“另一个平头，戴铜耳环、珍珠项链，穿蓝色开衫、巨大的卡其色裤子，刻有球队名字、闪亮的白色靴子”。这只展示出这种文化的一部分，在这种文化中，英国破败的爱德华式足球场成了培养青少年和工人阶级男子气概的场所。与足球队相关的地区和身份以仪式的形式表现出来——尽管非常的暴力。随着当局开始把目标锁定在那些进行公开示威的球迷身上之后，剩下的球迷可以体面地穿着漂亮的运动服，这样球迷就可以避开警察的监管，继续自由地制造混乱。这种新风格代表了时尚界的周期性转变，同时一些球迷不愿意穿得像个没头脑的暴徒，二者服装上的矛盾也让英国球迷之间的暴力冲突继续下去。[12]

图6.11 （左上图）阿迪达斯训练鞋和足球鞋，J.W.拉姆斯博瑟姆（J.W.Ramsbotham）广告，1970年

图6.12 （右上图）桑巴舞训练鞋，阿迪达斯产品型录（西德），1962年

第一双与这种新风格相关联的鞋是阿迪达斯的“桑巴”，这是阿迪达斯系列的主打产品。1978年，利物浦的青少年穿着它，很快就在全国流行起来。这款鞋的原型是1949年推出的用于坚硬或冰冻球场的溜冰鞋。讽刺的是，这款鞋的名字是在向1950年巴西世界杯致敬（注：1950年巴西世界杯，英国足球遭遇巨大滑铁卢，媒体称为“英国足球已死”）。它看起来很像阿迪达斯的其他足球鞋，黑色皮革鞋面和三条白色条纹，泡沫橡胶鞋底。在随后的几年里，足球鞋的设计发生了变化，但随着室外硬球场地球鞋橡胶钉的引入，“桑巴”逐渐演变为多用途的室内训练鞋，定位在适合足球、手球和其他类型的学校运动的范围内。在20世纪70年代早期，这款鞋被赋予了一个“拥有三个分区的鞋底”，其中“停止—转动—抓地区”是专为室内运动而开发的，并展示了这款鞋是如何被使用的。[13]

“桑巴”是阿迪达斯于20世纪60年代在英国销售的为数不多的运动鞋之一。1969年，它被描述为“这款著名的鞋具有吸力式的鞋底，无论地面条件如何，都能在运动中快速移动”，而且“特别适合在坚硬和冰冻的地面、雪和冰上使用——也非常适合在室内使用”。英国零售商销售的是奥地利制造的版本。这意味着，在20世纪70年代，英国买家可以买到的鞋与西德本土销售的不同。西德

图6.13　足球鞋和训练鞋，阿迪达斯产品型录（英国），1976年

版的鞋已经演变成室内鞋。而在英国，它有锯齿状的鞋底和更厚的白色橡胶鞋头保护结构，更适合户外使用。这些差异与国际贸易安排的不同工厂的设备有关，但也表明了不同的体育传统，反过来影响了对鞋子如何使用的不同看法。在西德，“桑巴”被认为是一种多功能的运动鞋；在英国，它仍然与足球紧密相连。正如1976年英国的产品目录所示，它是“阿迪达斯的传奇”“专为足球训练而设计，是许多顶级专业人士的选择”。在英国，人们普遍参与这项运动，加上20世纪70年代室内五人制足球的发展，也意味着这种款式很可能在全国各地的体育用品商店都能买到。这款鞋对其他运动项目的适应性使其成为一种颇具吸引力的销售选择，而其较便宜的两款鞋Bamba和Kick则让更广泛的消费者可以购买阿迪达斯品牌的运动鞋。就像在西德一样，“桑巴”鞋是一种理想、昂贵、多用途的鞋，可以穿在学校进行运动。[14]

对于那些伴随复制品和流行的足球杂志长大的英国青少年来说，“桑巴”鞋提供了一种打扮得看起来像他们的英雄的方式。回顾1995年，记者兼足球迷加文·希尔斯（Gavin Hills）写道：“在20世纪70年代末拥有这双鞋的人感觉不像普通人”“他们像特洛伊的冠军一样在操场、青年俱乐部和足球看台上昂首阔步”。20世纪70年代末，利物浦队的球迷都是看着阿迪达斯和彪马主导的职业足球运动长大的。“桑巴”的声望与体育偶像联系在一起是阿迪达斯公司的战略，而与之相关的休闲运动服装表明了人们对时尚的态度，例如流行的围巾和颜色、音乐、时尚与流行文化趋势的关系，以及粉丝们想要战胜警察的欲望。到1978年初，利物浦有数百名青少年穿着类似的服装。当球迷们前往全国各地观看比赛时，他们激发出一波模仿者。桑普森写道，到1979年秋天，“利物浦球迷的造型已经在全国范围内流行起来”。[15]

“桑巴”几乎在全国流行，英国西北部开始寻找其他阿迪达斯款式的重要卖点。阿迪达斯在足球界的声誉传播到了他们在其他运动项目中的款式上，桑普森将其描述为时尚界的“旋转木马……”“实验—采纳—放弃”的概念开始加速扩散。1979年，“桑巴”被“斯坦·史密斯”取代，成为利物浦和曼彻斯特最受欢迎的款式。就像“桑巴”一样，在英国零售商早就可以买到它了。到20世纪

图6.14 在西德慕尼黑的利物浦球迷，1981年

70年代末，它不再是网球领域的佼佼者，但仍然是一种核心产品，受到了网球运动员的欢迎。从那以后，运动鞋成为英国足球的竞争对象，球迷们争相购买最好、最稀有或最昂贵的运动鞋。正如《终结》（*The End*）杂志的编辑之一彼得·胡顿（Peter Hooton）后来写道，他们收到了“数百封关于不同足球队员穿的昂贵训练鞋的信件”，而且“队员的声誉可能会因训练鞋的价格而受到严重损害”。[16]

当“桑巴”和“斯坦·史密斯”这样的鞋子变得无处不在时，潮流引领者开始把目光投向更远的地方。正如《终结》在1984年描述足球看台时尚时所写的那样，当1978年和1979年的时尚风格“被演绎出来时，所有人都决定拓宽自己的视野，欧洲的呼声高涨”！英国加入了欧洲经济共同体，20世纪70年代出现了一揽子度假计划、廉价的欧洲铁路和轮渡计划，以及货币限制的宽松，这一切都让许多英国工薪阶层切实实现了海外旅行。对于足球迷来说，欧洲赛事为他们提供了一个参观其他城镇和城市的理由，否则他们可能只会待在自己的国家看比赛。利物浦球队是欧洲最优秀的球队之一。这支球队赢得了1973年和1976年的联盟杯，1977年的欧洲超级杯，以及1977年、1978年、1981年和1984

年的欧洲冠军杯。这种前所未有的连胜，加上一系列的季前赛和友谊赛，意味着利物浦在欧洲大陆出现的比赛次数和地点比其他任何英国球队都要多。旅行中的球迷们参观了被《终结》称为“未开发领域”的体育商店，“带回家看起来很漂亮，名字听起来很奇怪的衣服”。根据胡顿的说法，在20世纪80年代早期，“足球训练鞋迷们永远都会梦想得到一双在利物浦市中心就能买到的鞋。”来自国外的运动鞋，尤其是在英国无法买到的阿迪达斯款式的运动鞋，受到了球迷的高度重视。[17]

有几个原因可以解释为什么在欧洲大陆销售的鞋子没有在英国销售。阿迪达斯和彪马主要面向西德消费者，许多产品都是专为西德市场生产的。到1985年，阿迪达斯每年生产大约1600万双鞋，其中85%运往西德。不同的体育传统和确立的“全民体育”计划，创造了运动服装的大众市场和对英国不需要的那些款式的需求。体育用品商店是独立的，负责订购自己的储备，并迎合地区的体育喜好。以阿迪达斯为例，向零售商提供的运动鞋是由阿迪达斯法国与其西德母公司之间的竞争决定的。阿迪达斯在国际市场上的份额被一分为二：一些国家收到阿迪达斯法国的产品，一些国家收到西德的产品，而另一些国家则同时收到法国和西德的产品。这种内部竞争也导致了大量的复制品。例如，1979

图6.15　乔·瓦格和弟弟穿着欧洲运动鞋，《终结》，1982年

图6.16　在比利时的利物浦小伙子们，1982年

年出版了两本网球手册，一本是西德的，另一本是法国的。每一本手册中展示出的鞋款完全不同，没有一款同时出现在这两份出版物中。阿迪达斯总共提供了23种网球款。除此之外，鞋类生产的本质是，鞋面材料可以很容易地更换，鞋底可以粘在不同的鞋面上，随着运动鞋变得越来越专业化，拥有几乎无限的变化。然而，最重要的因素或许是欧洲各国财富水平的差异。英国游客经常被海外的旅行经历震惊。阿伯丁球迷杰伊·艾伦（Jay Allan）回忆说，他曾听说西德的"体育用品商店有多好"。1983年，他终于在汉堡参观了一家"大型体育用品商店"，他大吃一惊："运动鞋和运动装的选择令人难以置信。"这表明了欧洲大陆生活水平、个人消费水平和人均可支配收入的提高，尤其是在西德、法国与经济水平较低的国家和地区，意味着那里的市场可以比英国支撑更多价值更高的产品。[18]

在渴望购买高端欧洲运动装的过程中，英国工人阶层青少年表现出了"独创性"，并有屈从或违规的意愿。英国的球迷经常对他们在国外遇到的情况感到惊讶：鞋子是成对展示的，没有安全磁扣，商店没有监控，安保人员也很少。胡顿还记得，1981年在巴黎观看欧洲冠军杯决赛的利物浦球迷们如此沉迷于偷窃，以至于比赛日的时候“体育商店的店门是锁着的，有销售人员监督店门，每次只允许两个人进入”。在1982年接受《新音乐快递》（*New Musical Express*）杂志的采访时，《终结》的编辑菲尔·琼斯（Phil Jones）称，利物浦的“年轻一代”穿着“偷来的鞋”。艾伦回忆起在汉堡撞见两名托特纳姆热刺队球迷的经历，“他们的唯一目的就是偷窃……几天内尽可能多地偷窃时髦装备，去售卖给他们的国民。”他和他的朋友们偷走了一个装满昂贵运动服的旅行袋。[19]这种个人的、小规模的偷窃行为起初很普遍。欧洲的手写火车票漏洞让他们更有胆量去较小的城镇购买在英国买不到的鞋子和衣服；一种流行的骗局是删除火车票上手写的目的地，然后添加另一个目的地，这样持有人几乎可以无限制地去欧洲旅行。据估计，在利物浦有大约2000名常住人口，大约500名商人出售从欧洲购买的鞋子和衣服。在曼彻斯特的绿洲市场，一个年轻人摆起了一个摊位，出售从西德带回的运动鞋。他的摊位上摆满了在其他地方买不到的稀有款式，因此要价很高。即使只有少数人有动力或手段以这种方式购买鞋子，二级市场上的可疑商品也激发了英国球迷对欧洲款式的需求。[20]

通过将鞋子从一个国家转移到另一个国家，英国球迷赋予了许多欧洲款式新的意义。这是在欧洲的鞋子制造商和消费者无法想象的。就其本身而言，它会导致人们对不同鞋子的看法大相径庭。这一点在阿迪达斯的Trimm Trab鞋身上表现得最为明显，这款鞋最能体现英国足球的风格。对许多人来说，这表明穿着者参与了围绕足球存在的暴力亚文化。艾伦回忆起1984年访问莱斯特时，他和他的朋友们遭到了对手球迷的敌意目光，因为他们“显然是时髦的人，穿着Trimm Trab运动鞋”。回顾1991年，粉丝杂志《男孩专用》（*Boy's Own*）将其列为“顶级重磅炸弹”，并指出它在全国广受欢迎。它经常在回忆录中被提及，并被描述为“终极足球看台的经典……20世纪80年代中期的鞋子”。胡顿将其描述为一款“广受欢迎，独一无二”的鞋型。[21]

事实上，Trimm Trab绝不是排他性的。它于1975年推出，有绿色和蓝色或蓝色和红色的轻型绒面革鞋面。它最具特色的是与奥地利橡胶公司Semperit合作开发的新型注塑聚氨酯鞋底。西德的产品目录将这种鞋底描述为“阿迪达斯的一款轰动的产品”，它“轻如羽毛，非常柔韧，有衬垫，并能保证在所有表面上都有良好的抓地力”。阿迪达斯是第一批采用这种技术并投入巨资的鞋类公司之一。在之后的几年里，类似的鞋底被应用在其他几个款式的鞋上。1982年，当一天能生产1000双鞋的计算机设备被安装在该公司的沙恩弗尔德工厂时，阿迪达斯在内部通讯中承认聚氨酯在公司的成功中发挥了“越来越重要的作用”。鞋业使用一些最先进的生产方法生产出Trimm Trab，但从一开始，它的设计就是与日常运动员结合的。这款鞋与联邦共和国的“运动我赢定了”运动有关。该活动的推出，与一项促进慢跑的运动和一个新口号的引入同时进行：“全新的跑步，没有喘息。”这款鞋的广告出现在DSB的宣传手册上。这种耐磨、轻便的鞋底非常适合20世纪70年代建造的林地运动站和跑步道。这款鞋被定位为面向大众市场的、价格合理的多用途鞋，目标客户是注重健康的休闲运动员，而不是专业体育人士。[22]

英国阿迪达斯经销商在1976年生产了Trimm Trab。在西德，因为没有官方解释和林地跑道，所以“专业运动鞋”这一单词是没有意义的，人们很难在英语语境中理解这个单词。在产品目录中，它被描述为“令人惊叹，极好的新的训练/休闲鞋”和“时尚的鞋，有吸引力的价格，并结合了阿迪达斯的所有专业知识”，“极其舒适的泡沫聚氨酯鞋底”是“革命性的产物”。尽管声称“阿迪达斯休闲鞋在1975年就已经打入了消费市场”，即使它“已经通过大量的矫形测试”，但慢跑还没有以任何有意义的方式到来，英国的买家可能还没有准备好购买形状奇特的蓝绿相间的鞋子。由于没有明确的市场，而且不像当时的任何其他产品，这种鞋很快就从英国零售商的销售范围中消失了。[23]

相比之下，在西德、瑞士和奥地利，Trimm Trab在这个范围内停留了好几年。它有多种颜色，非常受欢迎。在阿迪达斯生产并通过体育用品商店分发的《阿迪达斯新闻》（*adidas News*）中，该公司刊登了客户的来信，赞扬他们的阿迪达斯鞋。在1980年到1982年间，有几封是关于Trimm Trab的。来自斯图加特的马丁·霍尔兹沃思（Martin Holzworth）表示，他非常满意他的这一双鞋，“对于这双鞋来说，再怎么夸赞都不过分，无论是在树林里跑步，还是在健身房或者在马路上，甚至是在极端条件下长达11周的美国之旅（例如，艰难地走过科罗拉多大峡谷）。”他将“再也不会在众多的运动鞋中不知所措了”。奥利弗·康姿（Oliver Konze）从威登写信说，他发现“Trimm Trab鞋简直太棒了”，自从两年前发现这双鞋后，他几乎每天都穿。他“绝不会相信运动鞋会有这么长的寿命”，并“会再次购买它们”。埃森·希尔克·德罗斯特（Essen Silke Droste）注意到“越来越多的运动迷穿阿迪达斯的Trimm Trab运动鞋”，当她在荷兰北部度假时，她“设法拍到了六个人的照片，他们都觉得自己的Trimm Trab鞋非常棒”。这款鞋如此受欢迎，以至于她写了一首诗：“在海滩上和沙丘上/到处都是Trimm Trab鞋/无论老少、大小，它们是所有人都想穿的。”她后来回忆起，当时她所有的朋友和家人都穿Trimm Trab。[24]

有报道称，利物浦球迷是在1981年4月的欧洲杯上认识Trimm Trab的，当时利物浦对阵拜仁慕尼黑。这种款式在英国是一种新奇事物，很快就变得非常受欢迎，只有那些人知道在哪里可以找到它，并且有能力通过旅行去获取它，或者与那些知道它的人有联系的人才能买到。它不寻常的颜色，听起来很奇怪的西德名字，以及它奇怪的外观，可能是它声名鹊起的原因——它是20世纪70年代末“丑鞋”潮流的一部分。然而，它在英国获得的高地位与它在西德的表现并不一致。事实上，正是它的平凡造就了它在英国的成功。由于这是一种随处可见的中档鞋，它可能是在国外旅行中最容易买到的款式之一，无论是非法还是合法的。英国的足球迷没有意识到这种鞋在西德的意义，在那里，穿这种鞋的更可能是一个在森林小径上气喘吁吁的中年运动员，而不是一个时尚的年轻人。具有讽刺意味的是，受英国青少年追捧的它可能是年龄稍大、更时尚的西德青少年最不喜欢的款式之一。[25]

* * *

20世纪80年代初的看台风格是在运动鞋销量上升的背景下发展起来的，当时阿迪达斯在英国的销售变得越来越普遍。1971年，阿迪达斯与茵宝重新谈判了分销协议。为了增加阿迪达斯在英国的销售量，柴郡的波因顿成立了一个名

图6.17 （上图）Trimm Trab训练鞋，西德阿迪达斯广告，1975年

图6.18 （对页图）Trimm Trab小册子，西德体育协会，1975年

为茵宝国际的独立部门。阿迪达斯正从专注于高质量运动鞋的生产转向霍斯特·达斯勒的愿景，即阿迪达斯将成为一家大众市场制造商和各种运动休闲服的销售商。这个新部门实际上是阿迪达斯的一个子公司，以牺牲茵宝的利益推动了阿迪达斯的发展。在1972年慕尼黑奥运会、1974年世界杯以及联邦共和国“全民体育”政策的推动下，产品线不断扩大，波因顿负责了新产品线的推出。1969年，英国出现了六款阿迪达斯运动鞋。到1974年达到30款。1976年的目录中写道：“在过去的三年里，阿迪达斯在波因顿的分部……这个团队满怀信心和决心进入1976年，相信它的质量和广度在英国市场上是无与伦比的，并决心继续它过去和现在的成功。”该公司列出了45款阿迪达斯训练鞋。随着运动服装越来越流行，英国零售商和买家对它的支持促进了阿迪达斯市场份额的增长。[26]

随着市场需求的增长，事实证明，阿迪达斯与茵宝的合作并不适合不断变化的市场环境。因此，在20世纪70年代早期，他们与彼得·布莱克（Peter Black）控股达成了一项协议。彼得·布莱克控股是约克郡一家箱包、拖鞋和女式凉鞋的大型制造商，也是英国高街品牌连锁店玛莎百货的主要供应商。彼得·布莱克的老板们正在寻找进军体育行业的途径，看到阿迪达斯在英国不如

Trab
Trimm
Trimm Trab:
Das neue Laufen
ohne zu schnaufen
Trimm Dich durch Sport
Tausend Tips
für das neue Laufen.
Deutscher Sportbund

在欧洲受欢迎，便与达斯勒家族协商了一项分销协议。彼得·布莱克已经在为英国鞋业巨头英国鞋业公司供货，并提出利用其关系将阿迪达斯的鞋类产品推广到更广泛的消费者群体。于是阿迪达斯在约克郡成立了一个新的部门，彼得·布莱克休闲服装，负责阿迪达斯在英国的鞋类和服装分销。茵宝国际继续为体育用品商店供货，但彼得·布莱克负责向其他地方分销，例如鞋店、邮购、百货公司和男装店。1973年7月，《鞋类和皮革新闻》（*The Shoe and Leather News*）报道称："这是英国独立鞋类零售商第一次可以购买到阿迪达斯的世界上最先进的运动和休闲鞋。"英国买家得到的是"两种中等价位的足球鞋……真皮训练鞋、白色和彩色的帆布训练鞋、帆布网球鞋和一系列麂皮休闲鞋"，所有这些鞋都有"独特的三道条纹和阿迪达斯商标"。第二年，公司的董事们报告说，新的休闲鞋"很受欢迎"，这是彼得·布莱克公司利润大幅增长的原因。据经营这家店的兄弟之一戈登·布莱克（Gordon Black）说，"销售额猛增"。[27]20世纪70年代末，英国鞋业报刊上的一次广告宣传，试图说服更多的商店进货阿迪达斯的训练鞋。全彩色的、完整的页面广告敦促零售商利用"休闲风格迅猛发展的趋势"和阿迪达斯承诺的将吸引对体育不感兴趣的买家：

> 在所有流行的运动中，阿迪达斯提供最好的鞋类和服装。对于那些不太喜欢运动的客户，阿迪达斯也提供了多种休闲鞋以及流行的运动鞋，它们与适合任何休闲活动的全能鞋一样合适。所以，无论你的客户有多么活跃，你肯定都能在阿迪达斯上获得成功。[28]

这些变化产生了深远的影响。20世纪70年代初，英国每年的运动品类销售额约为60万英镑。到20世纪末，它们的价值已超过1500万英镑。1972年，茵宝国际的产品目录称阿迪达斯的训练鞋是"四季适用的鞋……超轻、舒适、时尚""在休闲时，我更喜欢这些好看的鞋子"。《鞋类世界》网站指出，运动鞋销售是停滞不前的市场中唯一的增长领域。因此，看台时装应该被视为一种更广泛的趋势的一部分。随着人们积极参与休闲活动和体育运动的增加，运动装作

图6.19 休闲服装和Trimm Trab训练鞋，阿迪达斯产品型录（西德），1976年

图6.20 Trimm Trab和其他训练鞋，阿迪达斯产品型录（西德），1976年

为普通休闲服装越来越被大众所接受，这是阿迪达斯大力鼓励的结果。[29]

最初，对Trimm Trab这样的鞋子的需求是由富有创业精神的个人旅行者和小型企业家来满足的，他们模糊了卖家和消费者之间的界限。然而，不久之后，更有野心的参与者就进入了这个市场，让更多主流消费者可以买到看台时尚。罗伯特·韦德-史密斯（Robert Wade-Smith）是第一批人之一，他曾经就读于约克郡的公立学校。1977年，他以17岁的学员身份加入了彼得·布莱克的队伍。在工厂做了一段时间的包袋生产后，1979年，他加入阿迪达斯Top Man连锁店，负责阿迪达斯的销售。Top Man是一家非常成功的连锁店，刚开张不久，为男装零售提供了一种新的方式。阿迪达斯在前20名的Top Man门店中占据了5%到10%的店面面积，这本身就表明运动服装正变得时尚起来。韦德-史密斯发现利物浦的销售量比其他任何地方都要大。当时，阿迪达斯的正常销售额为每周400～700英镑。在利物浦，销售额为2000～3000英镑。在1979年圣诞节前的几个月里，随着“斯坦·史密斯”这款鞋的人气达到顶峰，他们的收入达到每周3000英镑，然后是每周5000英镑。最重要的是，利物浦的买家愿意为每双鞋支付几乎是其他地方两

图6.21 Trimm Trab和其他训练/休闲鞋，阿迪达斯产品型录（英国），1976年

倍的价格。在“斯坦·史密斯”成功之后，到1980年，他们接受了一系列昂贵的阿迪达斯网球鞋。由于韦德-史密斯每周两次增加库存，Top Man在利物浦分店的销售额约占彼得·布莱克休闲部门阿迪达斯特许销售业务的三分之一。[30]

顶级网球鞋“森林小丘”（Forest Hills）的出现，证明了利物浦对阿迪达斯专业、高档运动鞋的需求正日益旺盛。它以美国网球公开赛所在地的名字命名，于1976年推出，是一款专为精英或富有球员设计的“超级舒适”的鞋。西德的产品目录列出了它的特点：轻便的袋鼠皮革鞋面，由美国国家航空航天局开发的材料制成的高度灵活的矫形鞋底，以及创新的通风系统来降低鞋内的温度。它的重量仅为270克，是当时世界上最轻的网球鞋。白色的鞋面，三条金色的条纹，以及醒目的黄色鞋底，在视觉上很吸引人。其价格也很高：1976年售价89西德马克，在美国，这是第一双网球鞋的价格超过100美元。只有世界冠军的足球鞋、两款高级跑鞋、一款绝缘的冬季训练靴和几款登山靴的价格比它更贵。标准训练鞋的售价历史纪录是26.90西德马克。在英国，它在一些顶级网球俱乐部出售。尽管高价的鞋市场如此有限，彼得·布莱克还是被阿迪达斯逼着订购了

500双。这些鞋一直被放在仓库里，直到1980年10月，在“斯坦·史密斯”、温网和大奖赛网球鞋获得成功后，韦德-史密斯终于说服了老板，在利物浦出售“森林小丘”。全部货物在圣诞节前售出。后来韦德-史密斯从他的经理那里得到一瓶苏格兰威士忌作为奖励。[31]

受到“森林小丘”等成功品牌的鼓舞，他确信高端运动鞋市场是存在的。1982年夏天，韦德-史密斯离开彼得·布莱克，在利物浦开了一家店。在开业最初的几周，这家新公司并不成功。尽管他在店里存放了大部分的阿迪达斯，但青少年们走进店里，穿着韦德-史密斯从未见过的款式。他被告知这双不同寻常的鞋子来自布鲁塞尔。于是，他前往比利时，希望能得到客户想要的鞋子。他居然不清楚球迷们的秘密，也不知道“布鲁塞尔”是一个故意的欺骗性答案，因此在寻遍整个城市后空手而归。然而，在回程途中，他遇到了五个利物浦小伙子，他们正坐在奥斯坦德的酒吧里，喝着啤酒。他们花了三个星期的时间在北欧旅行，带着装满他们打算出售的运动鞋的旅行袋回家，里面装满了非常受欢迎的运动鞋，如阿迪达斯的Zelda、Grand Slam和München，以及各种颜色的Trimm Trab，韦德-史密斯叫苦不迭。后来在伦敦开往利物浦的火车上，他与人谈判，最终以每双15英镑的价格买下了24双鞋。第二天，他把它们加价出售，每双售价35英镑，几乎卖完了所有的鞋。在开张的第一周，该店只卖出了价值141英镑的鞋子，布鲁塞尔之旅结束后的第一周，营业额达到了820英镑。之后，韦德-史密斯开始开车前往西德和奥地利，绕过阿迪达斯在英国的销售和分销结构，与友好的零售商、地区经销商和阿迪达斯代表合作，购买适合英国市场的鞋。他的商店与欧洲十几家不同的供应商合作，供应在英国其他任何地方都买不到的鞋子。在开业的头两个月里，该公司卖出了价值2.7万英镑的Trimm Trab鞋。1983年，该公司卖出了近3000双这款鞋，其中一半以上是海军蓝和淡蓝色条纹的。从那时起，韦德-史密斯在利物浦成功建立了时尚企业。[32]

韦德-史密斯在运动鞋的推广上用了一种新方法。他和他的顾客说，这些不是适合在特定运动环境中使用的功能性装备，而是时尚的日常服装。传统的体育用品商店里，鞋子和其他设备混杂在一起出售，而与之不同的是，最初利物

图6.22　彼得・布莱克休闲服装，阿迪达斯广告，1977年

图6.23 “森林小丘”和其他网球鞋，阿迪达斯产品型录（西德），1976年

图6.24　韦德 - 史密斯商店内部，利物浦，1984年

浦韦德-史密斯的商店是以时装精品店为基础的。最初的店面包含了阿迪达斯和耐克的标志，韦德-史密斯的名字和“鞋子”这个词。在店里，人们的注意力都集中在整齐排列在墙上的鞋子上。顾客们被要求从审美的角度来考虑它们，而不是将其作为提高成绩或体育用品的专业产品。技术含量高的运动鞋款与它们的预期用途相去甚远，根据它们的审美和稀缺性价值，它们被简单地视为鞋子，或者被视为品牌系列的一部分。1984年12月，当韦德-史密斯在伯肯黑德开设了一家商店时，《利物浦回声报》（*Liverpool Echo*）的一则广告借用当时广受欢迎的嘉士伯的广告语，声称这家商店拥有“大概是世界上最好的运动鞋系列”，广告上还配有耐克、阿迪达斯和迪亚多纳正在销售的鞋款照片。这是一家无时无刻都在与体育联系的商店。[33]

韦德-史密斯大概是最早意识到足球时尚的商业可能性的人。他的生意一起步，到欧洲去买鞋的文化就衰落了。以前很少能见到的款式现在变得很常见，只要有钱就能买到。其他人很快跟随他的脚步。到1985年，Trimm Trab和其他受球迷欢迎的鞋都可以在彼得·克雷格（Peter Craig）的邮购目录中购买。运动鞋也出现在青年时尚版上的秋冬系列中，包括一系列的“街头生活”风格，其中包括许多在足球迷中流行的欧洲休闲装。一名年轻模特被拍到穿着彪马网球鞋，搭配磨砂质感的牧马人牛仔裤和一件美式运动衫；而另一名模特则穿着阿迪达斯的“大满贯”（Grand Slam），搭配李维斯（Levi’s）牛仔裤和弗莱德·派瑞（Fred Perry）衬衫。1982年，阿迪达斯以“顶级款式”的身份推出了“大满贯”赛事鞋，专为职业和精英网球运动员设计。这是施特菲·格拉芙（Steffi Graf）最喜欢的阿迪达斯鞋。白色和银色条纹，有“超级柔软的袋鼠皮革鞋面”“新的尼龙网舌，有一个‘通风孔’为了最大限度地通风”，一个模塑聚氨酯鞋底设计的抓地力和“易于转弯”的结构，阿迪达斯还在鞋后跟安装了一套新的可调减震系统，称该系统“对网球运动特有的冲击和长距离冲刺非常重要”。如果是在几年前，它还很难在英国销售。而在1982年，它是一种时尚鞋，通过邮购目录可以买到，它在20～38周内蔓延，证明了其对英国人之于足球运动鞋态度的影响。[34]

＊＊＊

到20世纪80年代中期，英国的运动鞋市场已经发生了变化。在20世纪70年代，专业运动鞋很难找到买家，但现在他们被各种零售商当作时尚单品出售。鞋子以一种制造商甚至零售商都没有预料到的方式被售卖。在某些方面，这些变化是由与足球有关的年轻消费者的行为推动的，但在其他方面，它们是更为广泛的商业和流行文化转变的结果。阿迪达斯在20世纪80年代初深受球迷欢迎，这与阿迪达斯在20年前渗透英国职业足球有关。然而，像“桑巴”这样的鞋子在球场外被人穿着，则是阿迪达斯于20世纪70年代在英国扩张的结果，运动鞋的可获得性更广，运动服装被重新定位为休闲服。而足球时尚的传播可以用球迷之间的竞争来解释。不同款式的流行证明了旅行机会的增加以及特定区域的生产和管理结构的优点。它也可以与20世纪80年代的英国当代时尚联系在一起：欧洲食品、设计、服装、拉格啤酒（Lager，也称窖藏啤酒）的流行。看台时尚是围绕足球而存在的相对独立的文化的一部分，但在20世纪70年代和80年代，它们受到了运动鞋营销、中介和销售方式变化的影响。战后时期的运动鞋正成为时尚的休闲装，这与19世纪末20世纪初的运动鞋所走的轨迹相呼应。随着运动装以一种前所未有的方式融入流行时尚，整个行业的制造商和零售商开始向关注美学和时尚风格的消费者提出建议。

图6.25　青年时尚，彼得·克雷格产品型录，1985年

第7章

运动休闲、全球化生产和后现代运动鞋

美国滑板者、b-boys、b-girls以及英国球迷的行为是一种更广泛的趋势的一部分。从20世纪70年代末开始，运动鞋逐渐进入主流服装，成为传统鞋款的时尚替代品。在整个西方世界，随着人们采用更随意、悠闲的生活方式，休闲、运动风格的服装越来越受欢迎。《纽约时报》的一位记者在报道中将其称为“更衣室样式”。1977年，有报道称，尽管没打算参加体育运动，但许多纽约人已经开始穿品牌运动装，这在很大程度上引起了“习惯于某种着装礼仪的古板的人”的不满。该报道指出，这一趋势始于“第一批慢跑者认为回家换衣服太麻烦，而他们可以轻松地穿着运动服装慢跑到办公室”。到20世纪70年代末，存在着一个很大的市场，服务于那些不一定从事体育运动，但喜欢打扮得像从事体育运动的人。正如前几代人发现的那样，平底运动鞋，无论它们是为网球、篮球还是跑步设计的，都同样适合随便地步行。[1]

在从运动领域到日常时尚路线这一点上已经很普遍了。这位《纽约时报》记者的言论与他在半个世纪前的言论如出一辙。然而，新的消费模式是在历史特定条件中产生的。收入水平和休闲水平的提高，加上公众健身运动的发展，增加了人们对运动鞋的需求，而国际体育赛事的媒体化日益发展，促进了全球品牌的崛起。随着新的经营方式的出现，销售的增长伴随行业内的重大转变。专业运动鞋的普及导致它被用于更广泛的用途，但专业运动鞋的主要生产商是为了迎合小众消费群体而建立起来的。因此，运动时尚的兴起提出了一个问题：如何才能最好地迎合对风格和美学感兴趣的大市场，同时又能吸引更关注性能的人，如何才能最好地做到这一点，而又不损害与精英运动密切相关的品牌形象？全球运动用品行业的巨头们解决了性能和美学、运动和时尚之间看似矛盾的问题，奠定了后现代运动鞋的基础，也奠定了21世纪早期运动鞋业的特点。

* * *

正如《纽约时报》所指出的，20世纪后期的体育时尚起源于一种新的健身文化。在美国，这种现象最明显的表现就是慢跑，它在20世纪70年代从一种小众追求发展成为一种全国性的现象。随着参与率的提高，与慢跑有关的运动服

图7.1 纽约马拉松赛的运动员，1981年

越来越为社会所接受，甚至更受欢迎。人们开始在运动之外穿跑鞋和其他运动鞋。《纽约时报》在1973年写道，运动鞋“不再只是运动员或穷得买不起合适鞋子的孩子穿的低贱的胶鞋”，而是已经成为“时尚的巅峰”。它们也是“中年妇女”穿的，并成为“青少年时尚圈的最新潮流”。一位体育用品零售商在接受该报采访时表示，在过去的五年里，鞋类销售额在其业务中所占的比重从10%上升到15%，最终上升到52%。康涅狄格州米德尔顿的一家鞋店的老板这样描述这个变化的市场：“人们似乎全年都在穿运动鞋，而不仅仅是在夏天，”他说：“品牌运动鞋制造商确实在迎合休闲市场，每个人都在购买。”当然，这是有充分理由的：它符合人体工程学的设计，柔软的材料和运动结构上使用的缓冲，意味着它们提供了一种传统鞋子所没有的舒适感。1983年，《波士顿环球报》（*Boston Globe*）引用了布鲁斯·卡茨（Bruce Katz）的话：“跑步从来不是跑鞋销售的命脉。任何人都不愿意穿上不太舒服的传统鞋。难怪女性希望腋下夹着高跟鞋，脚上穿着跑鞋去上班。”而且，正如一家连锁折扣店的买鞋人告诉《纽约时报》的那样，“说句实在话，运动鞋就是最好的鞋类。它们经济、实用，而且经久耐用。”和前几代的运动鞋一样，战后时代的现代、专业设计的运动鞋在运动之外

也很受欢迎。[2]

图7.2 慢跑时尚，《巴黎竞赛画报》(*Paris Match*)，1982年

不断增长的需求影响了所有的生产商，但蓝带体育比任何竞争对手都更能抓住时代精神。蓝带体育在20世纪70年代末改名为耐克。这家公司浸透了美国的经营文化。通过提供适合美国慢跑者需求和欲望的鞋子，该公司乘着热潮获得了巨大的成功。从1972年第一双耐克品牌的鞋问世到1982年公司上市，销售额从200万美元增至6.94亿美元，净收入从6万美元增加到4900万美元。到20世纪70年代末，它主导了美国市场，取代了科迪斯和匡威等老牌美国运动鞋制造商，以及世界领先的现代运动鞋制造商阿迪达斯。公司创始人菲尔·奈特在1982年将其描述为“运动界的一场竞赛”。[3]

一种新颖的运营模式支撑了耐克的成功。蓝带体育公司从日本制造商鬼冢公司进口运动鞋，并以低于同类产品的价格出售。双方的关系很快变得更加紧密，鬼冢制鞋公司根据鲍尔曼等人提供的规格和设计，依据美国人的跑步习惯量身定做鞋子。20世纪70年代初，蓝带与鬼冢的关系破裂，蓝带开始向日本最大的制鞋企业之一日本橡胶公司下订单，以此维持经营。耐克的名字和大大的勾号由当地一名艺术系学生设计，售价35美元，用以区分蓝带的新鞋和鬼冢造的鞋。像其前身一样，日本橡胶制造的鞋子由蓝带设计和指定。最值得注意的是，它生产出了拥有类似华夫饼结构鞋底的教练鞋，这是鲍尔曼试图用橡胶复制华夫饼的形状而产生的一种鞋底凸起，它为耐克的新品牌奠定了基础。20世纪70年代中期，随着日元对美元的升值，耐克的生产转移到了中国台湾和韩国的工厂（到20世纪80年代初，这两地的工厂占了耐克总产量的90%），以及马来西亚、泰国、菲律宾、中国香港等国家和地区的其他工厂。通过利用承包商之间的竞争，耐克可以获得最优惠的价格。依靠廉价的亚洲劳动力，生产成本保持在低水平，耐克避免了对生产基础设施的大规模投资。20世纪60年代末，标准化集装箱航运的出现降低了运输成本，使大量鞋类产品跨越太平洋的运输变得更加容易。

耐克的生产模式是运动鞋行业的一个重大发展。同样，阿迪达斯在20世纪60年代取得了更大的成功，并进入了平价市场。第二家工厂于1959年在巴伐利

A STUNNING RANGE OF SPORTS
FOOTWEAR FROM

图7.3 （对页图）韩国大宇工业公司广告，1978年

图7.4 （上图）史蒂夫·普雷方丹(Steve Prefontaine)穿着耐克在加州莫德斯托，1975年

亚州的一个叫沙恩弗尔德的小镇开业；第三家于1960年在法国的代特维莱开业。到1964年，阿迪达斯在法国和西德又增加了三家，十年后，阿迪达斯的产品在加拿大、挪威、瑞士、奥地利、南斯拉夫、澳大利亚和墨西哥都有了生产基地。[4] 20世纪70年代初，阿迪达斯开始与一家中国台湾地区制造商合作，后者生产基础的帆布和橡胶休闲鞋，让人想起20世纪30年代涌入西方市场的廉价亚洲网球鞋。到20世纪80年代中期，中国台湾地区的刘氏兄弟在中国大陆与中国台湾的工厂生产了阿迪达斯大约一半数量的鞋类产品。然而阿迪达斯仍然保持着严格的品控。西德技术人员被雇用来监督韩国、马来西亚、泰国和中国工厂的生产。[5] 尽管其基础技术设备和员工分布在全球各地，但本质上它仍然是一个传统的西德制造企业，随着公司的发展，它创造了一个复杂的授权协议体系和第三方生产网络。在美国，大多数运动鞋制造商和范·多伦这样的小公司都依赖于国内生产，匡威的主要工厂在北卡罗来纳州，范·多伦的工厂在加利福尼亚州。相比之下，耐克几乎完全依赖低成本的外国工厂进行生产。

通过将制造压力移交给亚洲承包商，耐克可以转而专注于设计和营销。同阿迪达斯一样，该公司致力于将自己与运动紧密联系在一起。在20世纪70年代，

图7.5　耐克广告，1977年

它为有前途的运动员提供鞋子，赞助当地的跑步赛事，并签订了代言协议。第一次是在1972年与罗马尼亚网球职业选手伊利耶·纳斯塔塞（Ilie Nastase）合作；在美国业余跑步明星史蒂夫·普雷方丹于1975年去世之前，耐克还赞助了他。进入20世纪80年代后，耐克资助了世界级的体育俱乐部“西部田径”，并签下了大量的职业体育明星。资金被投入到针对最终消费者的广告中，先是在专业杂志，如《跑步者世界》，后来从1982年开始在电视上宣传。尽管耐克早期的广告重点都专注于宣传公司产品的功能性，但在20世纪70年代末，广告转而开始传达与耐克品牌整体相关的理念。通过“精心的复刻”和“没有终点线”这样的口号，耐克营造了一套流行的价值观：时髦、不羁、个人主义、自恋、自我完善、性别平等、种族平等、竞争和健康。所有这些营销活动将耐克品牌的名称和“闪电形”的勾号发展成不那么具体的东西，与制鞋的实际业务没有什么联系，但它们具有象征意义。其他运动鞋品牌保留了与生产和鞋的物理特性的残留的联系，而耐克品牌则摆脱了产品的束缚，获得了自己的新生命。[6]

耐克对其成功的原因是非常明确的。该公司估计，其销售额的60%～70%

是用于非运动目的。这个行业被设想成一个金字塔，有一小部分人是真正的运动员，而更广泛的基础是为了休闲或日常穿着而穿运动鞋的普通消费者。在20世纪70～80年代，数以百万计的人在1982年购买了耐克公司所谓的“多功能鞋或休闲鞋”，这是该公司销量惊人增长的一个重要因素。售卖顶级的、专门的鞋子是亏本买卖，但能够刺激消费者购买更简单、更便宜的款式。在运动员中亮相能用来推动大规模销售，并在金字塔的底层建立品牌声誉。然而，普通消费者更关心颜色、款式和总体舒适度，对顶级款式提供的功能性提升并不关心。该公司调整了产品范围，以确保能吸引尽可能多的买家。奈特说，在20世纪70年代中期，他注意到人们很随意地穿着他的鞋子，于是他订购了蓝色的华夫饼底训练鞋，这样它能更好地搭配牛仔裤。大洋洲跑鞋或布莱恩篮球运动鞋等基本款运动鞋与为精英人士设计的运动鞋相似。最关键的是，它们的侧面也有同样的Logo，但除了最温和的运动外，这些鞋不能穿在任何其他场合。然而一些实力款，尤其是鲍尔曼的科特斯（Cortez，也称阿甘鞋），在被严谨的运动员更新换代后的很长时间里仍然可以被大众使用。[7]

耐克鞋类零售和分销方面的创新引起了全美国消费者的注意。该公司的增

图7.6　耐克&罗恩·希尔（Ron Hill）广告（英国），1979年

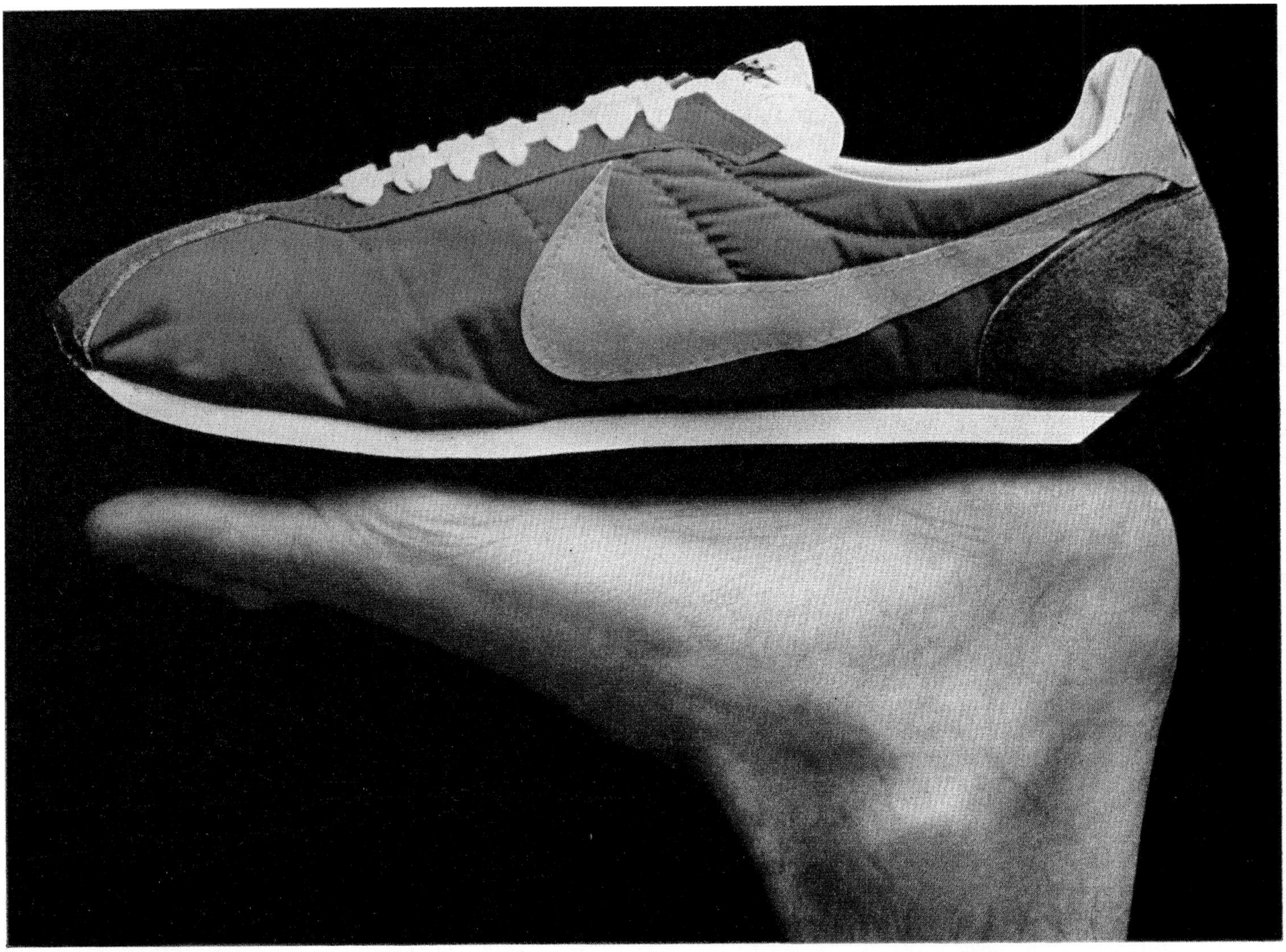

MADE FAMOUS BY WORD OF FOOT ADVERTISING.

The Nike Waffle Trainer is one of the most popular running shoes of all time.

Serious runners started wearing them years ago, for two or three good reasons.

First, the shoe has a patented Waffle sole that's designed for superior traction and cushioning of the foot when you run.

Secondly, the nylon uppers made it an extremely lightweight and comfortable shoe.

Finally, it was word of foot advertising that helped make the Nike Waffle Trainer so popular: Runners seeing other runners wearing them.

Join them.

Bring your athlete's feet to The Athlete's Foot, and tell them you want to start training on Waffles.

NIKE

No one knows the athlete's foot like

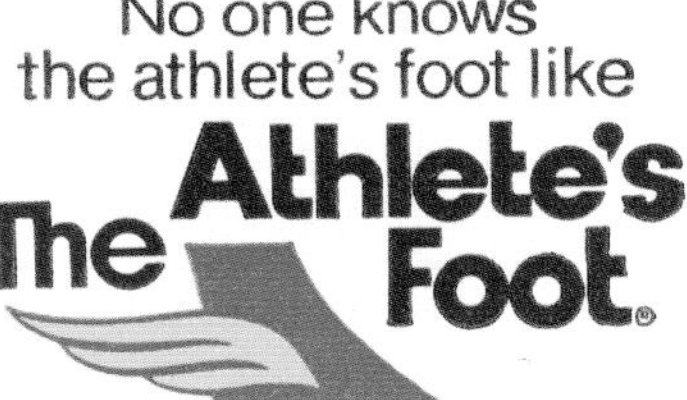

272 stores... nationwide

IT'S SPREADING — our chain of internationally franchised stores (all locally-owned) in ALABAMA: Birmingham, Gadsden, Montgomery; ARIZONA: Flagstaff, Phoenix, Tempe; ARKANSAS: Little Rock; AUSTRALIA: Adelaide; CALIFORNIA: Arcadia, Canoga Park, Costa Mesa, Cupertino, Modesto, Palo Alto, San Bernardino, San Bruno, San Jose, Thousand Oaks, Torrance, Westminster; COLORADO: Colorado Springs, Denver, Fort Collins, Grand Junction, Lakewood; CONNECTICUT: New Haven, West Hartford; DELAWARE: Newark, Wilmington; FLORIDA: Clearwater, Ft. Lauderdale, Jacksonville, Miami, Orlando, Pensacola, Plantation, Pompano, Sarasota, South Miami, St. Petersburg, Tallahassee, Tampa, West Palm Beach; GEORGIA: Atlanta (Cumberland Mall), (Lenox Square), Augusta, Columbus, Morrow (Southlake Mall); IDAHO: Boise; ILLINOIS: Aurora, Chicago, Decatur, Moline, Northbrook, North Riverside, Peoria, St. Clair, Schaumburg, Skokie, Springfield, Vernon Hills; INDIANA: Columbus, Elkhart, Evansville, Indianapolis, Lafayette, Muncie, South Bend; IOWA: Cedar Rapids, Davenport, Des Moines; KANSAS: Atchison, Kansas City, Overland Park, Topeka, Wichita; KENTUCKY: Florence, Louisville; LOUISIANA: Metairie, New Orleans, Shreveport; MARYLAND: Annapolis, Baltimore, Bethesda, Hillcrest Heights, Lutherville, Randallstown, Wheaton; MASSACHUSETTS: Chestnut Hill, Hyannis, Peabody; MINNESOTA: Minneapolis; MISSISSIPPI: Greenville, Jackson, Tupelo; MISSOURI: Independence, Kansas City, St. Louis, Sikeston; MONTANA: Billings; NEBRASKA: Lincoln, Omaha; NEVADA: Las Vegas, Sparks; NEW HAMPSHIRE: Manchester; NEW JERSEY: Cherry Hill, Deptford, Eatontown, Hackensack, Lawrenceville, Paramus, Rockaway, Voorhees, Woodbridge; NEW MEXICO: Albuquerque; NEW YORK: Brooklyn, Harlem, Hicksville, Ithaca, Johnson City, Manhasset, Manhattan, Massapequa, New York, Poughkeepsie, White Plains; NORTH CAROLINA: Charlotte, Greensboro, Hickory, Winston-Salem; NORTH DAKOTA: Bismarck; OHIO: Akron, Bowling Green, Canton, Cincinnati, Cleveland, Clifton, Columbus, Fairview Park, St. Clairsville, Toledo, Youngstown; OKLAHOMA: Oklahoma City, Stillwater, Tulsa; OREGON: Portland; PENNSYLVANIA: Allentown, Johnstown, Lancaster, Langhorne, Media, Monroeville, Philadelphia, Pittsburgh, Rosemont, Scranton, State College, Washington, Wilkes-Barre, Williamsport, York; PUERTO RICO: San Juan; SOUTH CAROLINA: Charleston, Columbia, North Charleston; SOUTH DAKOTA: Rapid City, Sioux Falls; TENNESSEE: Chattanooga, Jackson, Knoxville, Memphis, Nashville; TEXAS: Abilene, Austin, Dallas, Houston, Mesquite, San Antonio, Sherman; UTAH: Ogden, Orem, Salt Lake City; VIRGINIA: Newport News, Portsmouth, Roanoke, Springfield, Virginia Beach; WASHINGTON: Bellevue, Olympia, Seattle, Spokane, Tacoma, Tukwila, Vancouver; WEST VIRGINIA: Charleston; WISCONSIN: Appleton, Green Bay, La Crosse, Madison, Manitowoc, Milwaukee, Oshkosh, Wausau, Wisconsin Rapids.

图7.7 （对页图）华夫饼鞋底训练鞋，展示耐克/运动员脚部的广告，1977年

图7.8 （右图）大型体育用品零售商Foot Locker的广告，1978 年

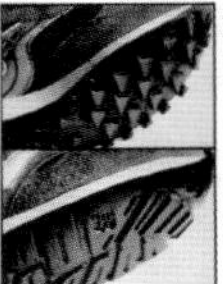

长与专注于运动鞋销售的全国性零售连锁店的崛起相吻合。1971年，“香港鞋业”开始了第一次特许经营。伍尔沃斯公司的分支富乐客（Foot locker）于1974年在加州开设了第一家门店，到1984年在全美拥有619家门店。与独立的体育用品专业公司不同，这些公司都是主流企业集团，通常位于黄金零售区域，在友好的环境中提供简化的消费者体验。许多顾客对20世纪70年代的鞋子种类感到困惑。《纽约时报》指出，“在许多商店里，想买运动鞋的人会遇到近40种款式的鞋”，并暗示这种体验可能“有点让人不知所措”。仿佛是为了回答这个问题，富乐客把自己的员工描绘成能够引导顾客选择符合他们需求的鞋子的专家。在平面广告中，销售助理身穿裁判式黑白条纹的球衣（这是知识和权威的象征），并描述了他们如何“像了解个人运动一样了解运动鞋”。全国的连锁店会集中购买他们的产品，这种方式很适合耐克的商业模式。相比之下，阿迪达斯在美国有三家分销商，分别负责该国不同的地区，并饱受运输问题的困扰，它在美国的商业模式更适合20世纪60年代的市场状况。而耐克抓住了这些连锁店提供的机会，在20世纪80年代早期，为了防止发生库存和财务问题，它们开发了一种被称为“期货”的提前订单系统。这要求零售商提前6个月承诺大额订单，但给

他们5% ～7%的折扣和有保证的运输通道。富乐客是第一批签署该计划的公司之一，并成为耐克最重要的经销商。耐克愿意根据富乐客的要求改变设计和规格，这加强了两家公司之间的密切关系。这种做法与阿迪达斯对其运动鞋的固定观念形成了鲜明对比。[8]

然而，进入休闲市场也给那些与运动相关的公司的品牌形象带来了问题。在20世纪80年代早期，由于担心运动鞋丰厚的利润会消失，耐克试图推出更休闲、更时尚的产品。1982年，“Air-Leisure系列”推出，有五款“专为休闲设计”的款式，该公司称，“对于那些每天要花很多时间走路或站着的人来说，这是一种更好的选择。”根据耐克公司的产品目录，带有运动鞋底的棕色皮鞋提供了“运动员所期望的所有支持和功能性”，而且“这种经典的款式使它们非常适合工作或休闲穿着”。但这个系列并不成功。因为耐克这个名字与运动精神联系在一起，而不是与工作或周末闲逛这种风格紧密联系的。由于与时尚或大众街头销售联系过于紧密，耐克可能会削弱其作为“正宗”体育公司的身份，从而损害其在核心体育市场的吸引力。[9]

耐克的高管们在20世纪80年代中期就意识到了休闲市场的商业危险。面对在美国不断下滑的销量，以及来自锐步和L. A. Gear等年轻对手的激烈竞争，耐克公司公开重建了自己的运动根基。在1985年的年度报告中，奈特告诉股东，耐克“在我们称为‘运动休闲’的领域走得太远了。我们现在已经有意从这一区域撤出”。他接着概述了自己对未来的愿景：“耐克是一家体育公司。我们的创新和技术最适合运动员的需求。我们不属于体育之外的时尚行业，我们在这方面的一些尝试也没有成功。我们将不再追求时尚风格和吸引力，而是从功能性入手。”通过放弃过时的款式，专注于先进技术的开发，并与体育明星建立联系，耐克重塑了根植于运动表现的品牌形象。但这并不意味着它放弃了大众市场，相反，它将以体育运动的时尚吸引力为基础，作为一条通往受欢迎的非体育销售的途径。[10]

“Air Jordan”鞋强调了精英运动和街头受欢迎程度之间的联系，这款鞋在

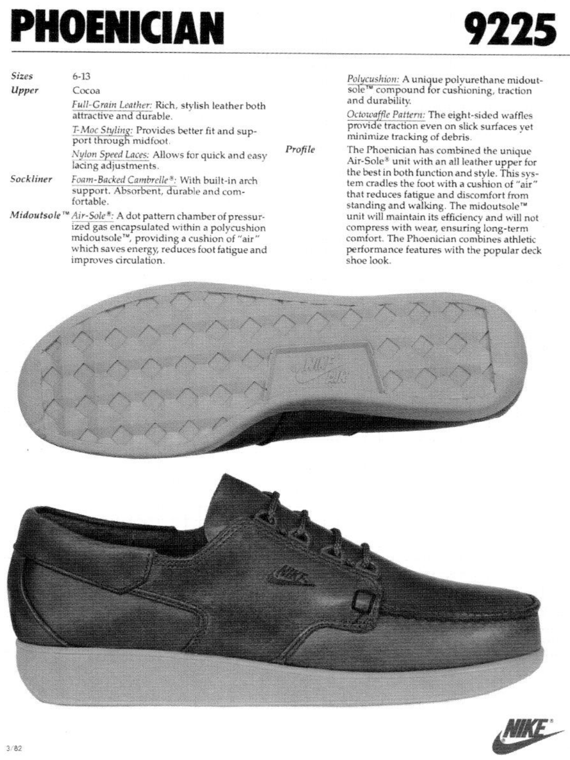

图7.9　Air Phoenician休闲鞋，耐克营销广告，1982年

20世纪80年代中期为耐克的成功发挥了重要作用。当耐克签下迈克尔·乔丹时，他已经是篮球界最有前途的球员之一了。作为北卡罗来纳大学的一名大一新生，他在1982年的全美大学生体育协会（NCAA）锦标赛上投进了制胜一球；1983年11月，他出现在《体育画报》的封面上，该杂志称他为“世界上最优秀的、全面的运动员”；1984年，他带领美国队在洛杉矶奥运会上夺得金牌。1984年初夏大学毕业后，他与芝加哥公牛队签订了一份职业合同。与此同时，他与耐克公司达成了一项利润丰厚的交易。乔丹最初想要与阿迪达斯合作，但他们提供给乔丹和其他球员同样的报酬（10万美金）似乎少得可怜，而耐克提出的为期五年，价值250万美元的合同，这使乔丹最终与耐克合作。与此同时，耐克正在重新安排其促销方式。多年来，耐克一直向大量职业运动员（包括许多NBA球员）提供赞助，以确保耐克鞋能在最高水平的运动比赛中出现。在20世纪80年代中期，该公司改变了策略，转而把宣传费用集中在包括乔丹在内的少数几位主要明星身上，并向其他想要合作的人免费提供鞋子。[11]

交易达成后，耐克与韩国制造商合作设计了一款标志性的乔丹鞋。从技术角度来看，它没有什么新意。不仅被耐克的其他型号超越，还落后于阿迪达斯的产品。一个小小的耐克空气缓冲装置，小到没有任何实际的好处，被塞进鞋底，以确保“Air Jordan”这个名字可以合法使用。最引人注目的是黑色和红色的配色方案。当乔丹在季前赛中穿上新颜色的球鞋时，立刻引起了NBA的注意。NBA表示，这违反了“统一制服”的规定，意味着他与其他球员穿的白色鞋子太不一样了，并威胁说，如果乔丹穿这双鞋，公牛队将被罚款1000英镑。《芝加哥期刊》（*Chicago Journal*）的记者史蒂夫·阿什伯纳（Steve Aschberner）写道：“迈克尔·乔丹并不是NBA中最不可思议、最多姿多彩、最令人惊叹、最浮华、最令人难以置信的存在，但他的鞋子是。”据《体育画报》报道，公牛队“担心乔丹会如何被NBA和他的队友们看待”，并且“对乔丹的鞋的争议有所保留”。这场争议是送给耐克的一份礼物，耐克承诺支付任何罚款，并“销售红黑相间的球鞋，即使乔丹不被允许在比赛中穿它”。NBA的裁决被巧妙地利用在电视广告中。在一个32秒的广告中，当乔丹积极地弹跳托起篮球时，摄像机慢慢地向下平移他的身体，一个庄严的声音：“9月15日，耐克推出了一款革命性的新篮球鞋。10月18日，NBA禁止了这双球鞋。”这时，黑色的条形物体被叠加在乔丹的鞋子上。画外音继续说道：“幸运的是，NBA不能阻止我们穿它们。Air Jordan——NIKE。”这是一个成功的市场营销，即使乔丹从未在比赛中穿过黑红色相间的鞋。[12]

乔丹在NBA立刻引起了轰动。他的高空扣篮和富有侵略性、技术精湛的表现吸引了全国各地的观众，无论是在赛场里还是电视机前，一时间万人空巷。1984年12月，他再次出现在《体育画报》的封面上，这标志着一位超级巨星的诞生。乔丹的号召力超越了篮球以前的狭隘范围。他成为一个被全国各地的青少年崇拜的英雄。这为他的签名鞋带来了巨大市场。1985年4月，在他首次亮相NBA几个月后，这双鞋开始销售，并有多种配色方案。就像沃尔特·弗雷泽10年前的彪马“克莱德”一样，这种模式与个人的公众形象、比赛风格和专业水平密切相关。乔丹为其他赞助商所做的工作和媒体的关注对耐克的营销起到了补充作用，这些工作带来了价值数百万美元的免费广告。几天之内，商店里的

图7.10　迈克尔·乔丹穿着耐克Air Jordan，1984年

Chicago
1
23

NIKE
NIKE
NIKE
NIKE
NIKE
NIKE
NIKE
NIKE

图7.11 耐克设计草图由雷·通克尔绘制完成，1980～1984年

Air Jordan就被抢购一空。稀缺创造了需求，鞋子在私下以100美元的价格转售，远高于其65美元的零售价。富乐客订购了10万双以满足需求。在接下来的18个月里，耐克卖出了230万双鞋，价值1.1亿美元。在1985年的年度报告中，奈特写道："以NBA新秀明星迈克尔·乔丹命名的Air Jordan™系列鞋和服装在市场上获得了前所未有的成功，并被誉为高质量产品、营销和运动代言的完美平衡。"他称这款鞋是"运动鞋行业有史以来最畅销的产品"。然而，在售出的价值数百万美元的鞋中，用于篮球运动的相对较少。尽管这是一款为顶级运动员设计的功能性球鞋，但这款鞋的吸引力远远超出了它所打算从事的运动，它将新一代的体育名人带到了娱乐圈。耐克和乔丹一起成为跨国品牌，体现了全球化、新自由资本主义的崛起。[13]

当乔丹为耐克鞋子提供了名人的吸引力时，耐克也开始使其的鞋子在审美水平上更受欢迎。在20世纪80年代早期，耐克开始让工业设计师参与到将新款推向市场的过程中。雷·通克尔（Ray Tonkel）是该公司雇用的第三个工业设计师。尽管通克尔本以为自己会从事消费品或家具设计，但在1980年初，他发现自己从事了鞋子设计。正如他所描述的那样，这项工作要求"探索新的想法、构思，绘制鞋子，并研究新的合成材料、皮革、造型技术等"。重要的是，尽管鞋子设计涉及"了解运动员/消费者的需求"，但通克尔和他的工业设计师同行们"将从非传统的鞋业资源、其他行业和我们周围的世界中汲取灵感"。在此之前，耐克一直遵循鲍尔曼和阿道夫·达斯勒所体现的方法，为他们的运动员设计功能鞋。制鞋技术的进步，包括模压鞋底和电脑切割与缝合，令设计师能够引入新的元素，使鞋子超越简单的实用性。通克尔和其他人设想运动鞋是一个可以进行完全设计的对象，从鞋子和服装之外寻找灵感，寻求使它们在美学和功能层面上达到平衡。[14]

其中两款鞋证明了这种新方法的成功：Air Max和Air Jordan 3，这两款都是由汀克·哈特菲尔德（Tinker Hatfield）设计的。与通克尔一样，哈特菲尔德在鞋的设计和制作方面没有经验。他在俄勒冈大学接受过鲍尔曼的培训，但他成了一名合格的建筑师。1981年，耐克聘请他帮助设计新的办公空间。耐克管

理的灵活性让他在1985年进入了鞋类设计领域。耐克Air Max既是他的首批项目之一，也是为了最大限度地利用耐克在鞋底缓冲专利技术上的投资。耐克的Air Jordan使用的充气塑料气囊是由两位前航空工程师马里恩·富兰克林·鲁迪（Marion Franklin Rudy）和鲍勃·博格特（Bob Bogert）开发的，在引起骑士公司的注意之前，大多数运动鞋生产商都拒绝了他们的产品。耐克获得了这项技术的许可，并与发明者和供应商工厂合作，发明了一种新方法，将这项技术整合到鞋的泡沫中底中。1978年，耐克推出了第一款运动鞋：耐克Air。尽管耐克制造了很多新的缓冲系统，但这款鞋并没有像人们希望的那样让跑步者兴奋起来。配备耐克Air的鞋款与没有配备的鞋款看起来几乎一模一样，而且它的好处难以表述。经过科学测试，最好的说法是，它不会像常用的塑料泡沫一样随着时间的推移而降解。这是一个有争议的问题，因为它必须封装在塑料泡沫中才能使用。它也很笨重，许多优秀的长跑运动员在比赛中不喜欢穿耐克Air系列的鞋子，因为它们比传统的跑鞋更重。尽管如此，急于证明自己在技术上可与阿迪达斯相媲美的耐克，还是站在了耐克Air的一边。产品工程师们对如何开发这种技术来增加销售有各种各样的想法：一个是增加气囊设备的尺寸，另一个是使气囊设备可见。当这两个想法结合在一起时，Air Max项目诞生了。[15]

Air Max是在1986年的年度报告中披露的。这款新鞋有白色、灰色和红色的织物鞋帮，厚厚的泡沫塑料中底和黑色橡胶底。然而，它最独特的一点是一个透明的塑料窗，这暴露了耐克Air鞋后跟的内部结构。从背光照射进来的光线，让这扇窗户与运动鞋市场上其他任何东西都不一样，这是一种在空中行走的未来主义视觉，让一个不同寻常的概念立刻变得容易理解。成型技术的发展使更多的雕塑鞋底单品被创造出来，使中底成为让鞋品整体设计中更完整的部分，而不是附着在鞋面上的东西。哈特菲尔德将这款鞋视为一个美学整体，既要具有视觉吸引力，又要具有功能性。他的灵感来自理查德·罗杰斯（Richard Rogers）和伦佐·皮亚诺（Renzo Piano）在巴黎设计的乔治·蓬皮杜中心（Centre Georges Pompidou），该建筑的内部也同样暴露在外。醒目的配色方案——男性为鲜红色，女性为亮蓝色——反映出他希望这双鞋能从当时流行的灰色、白

图7.12　Air Max，耐克广告，1987年

图7.13　Air Max，耐克广告，1987年

色和海军蓝中脱颖而出，也呼应了蓬皮杜中心的彩色管道：蓝色代表空气，红色代表动感和流动。它还让人想起阿迪达斯在20世纪50年代和60年代所青睐的彩色皮革。在几年后的一次采访中，哈特菲尔德解释说，他设想的鞋子是一种“技术上有创新，设计上有想法的对象”。然而鞋跟的气垫主要是作为想象力的刺激，它没有给跑步者带来任何实质性的好处。鲍尔曼认为这款鞋只是个噱头。[16]

1987年春天，由哈特菲尔德设计的Air Max和其他Nike-Air型号发布了。1987年，他们耗资2000万美元进行电视、杂志和广告牌广告宣传，这在当时是该行业历史上最昂贵的广告。《跑步者世界》的读者收到了一份长达8页的广告特写，第一页展示的是Air Max，灯光从鞋底的气垫射进来，它被誉为新的黎明：“耐克Air鞋不是鞋子，这是一种革命”。尽管这份广告包含了四页伪科学的创新、研究和发展，例如“减少了骨骼、肌肉、肌腱、脚和小腿的肌肉能量消耗”。但是真正吸引人的只是那长得像窗户的气垫。电视广告则是强调革命的主题，其背景音乐是披头士1968年的歌曲《革命》(*Revolution*)，时长一分钟的镜头在简短、颗粒状、黑白相间的普通运动员、明星运动员和实验室风格的Air

Max飞机落地的片子之间跳跃。这款鞋在其中出现了四次，广告以耐克Logo的突然出现结束。Air Max是该公司的旗舰跑鞋，也是整个耐克形象和品牌建立的基础。这个短片没有提到它的技术特点，也没有提到支撑它的耐克Air技术。相反，这则广告将耐克与更为广泛的社会变化以及健康、健身在美国（乃至全球）生活中日益增长的重要性和渴望联系在一起。耐克品牌成为一种生活方式的选择，这不仅是选择一双鞋子，而是将鞋与健康的生活方式和健身的理想化形象联系在一起。[17]

哈特菲尔德在Air Max之后不久又设计了Air Jordan 3。正如《体育画报》所注意到的，在最初的Air Jordan取得成功后，耐克在1986年开始用第二款更昂贵的款式"瞄准更专属的市场"。它使用了意大利制造的白色皮革，杂志称它"侧面有一块假鬣蜥皮"。哈特菲尔德继续向高端市场进军，同时引入了一些主题，使Air Jordan超越了传统运动鞋的设计。在1999年接受《面孔》采访时，他解释说乔丹"刚刚开始穿漂亮的西装"，而作为一名设计师，他"想要在鞋子中捕捉这种感觉"。这款鞋"在外观上并不是高端运动员喜欢的"，所以"你可以穿着它在场外搭配一套服装"。他的笔记写着，"一双精致的鞋子"，"外观独特而有品位"，适合更成熟的乔丹。它摆脱了第一个版本的浮

图7.14　迈克尔·乔丹和斯派克·李分别饰演的马尔斯·布莱克蒙（Mars Blackmon）Air Jordan 3，耐克广告，1988年

躁颜色，有柔软的白色皮革鞋面，在成型聚氨酯中底有一个小窗口。最引人注目的是，印有图案的灰色纹理皮革围在脚跟和脚趾周围。哈特菲尔德在1993年解释了他的设计方法："我确实认为我们的鞋子是美国人对当代设计的独特贡献，阿迪达斯无疑是运动鞋开发的先驱，他们把这些鞋当作装备。但是他们仍然不明白如何设计出浪漫和意象，以及让一件物品以不那么实用的方式来表达人们重要的潜意识特征。"Air Jordan 3的流畅线条、混合材料和无Logo的鞋面赋予了它在20世纪80年代篮球鞋中罕见的优雅，也证明了哈特菲尔德的想法，即创造出一款既能在球场上使用，又具有更广泛吸引力的鞋。[18]

图7.15　说唱歌手穿着耐克Air Jordan 3，1988年

Air Jordan系列的推出，随着威登&肯尼迪广告公司的广告宣传活动，由年轻的黑人电影制片人斯派克·李（Spike Lee）执导并主演。在这部影片中，李再次饰演了马尔斯·布莱克蒙，他在自己的低成本处女作电影《她说了算》（*She's Gotta Have It*）中饰演一个说话很快的自行车快递员。这个角色是对20世纪80年代中期街舞男孩的一种充满情感的刻画，由与嘻哈有关的文化符号构成：头发上剃出箭头、金色铭牌和皮带扣、乔治敦大学T恤、伊索·拉科斯特（Izod Lacoste）polo衫和Air Jordan运动鞋。电视广告和电影一样是黑白拍摄，由广告公司编写剧本，由李和他的偶像乔丹一起执导，在1987～1991年间播出。电影中不羁的语气巧妙地颠覆了大众对名人代言的看法。这些广告将这款鞋与超级运动员乔丹联系起来，但也引入了一种更为复杂的文化联系。通过他们，Air Jordan与城市非洲裔美国人的街头文化和李在他的电影中表达的政治激进主义联系在一起。对一些人来说，这是文化挪用。一个以前主要与白人跑步文化有关的品牌，现在与非洲裔美国人联系在一起，并利用这些联系来建立更为广泛的白人商业吸引力。英国社会学家保罗·吉尔罗伊（Paul Gilroy）批评李"让街头的力量不仅为有色种族社区服务，还助长了一种想象中的非洲裔美国人的观念，这种观念的存在完全是为了促进美国企业界的利益"。值得注意的是，这些广告没有提供关于鞋子本身的信息。与当时的许多运动鞋广告相比，广告中没有提到这双鞋在运动环境中的功能如何，也没有提到这双鞋是如何构造的。观

HYPED

众只看到布莱克蒙和乔丹穿的鞋，并保证“这些运动鞋的补给……每个同伴都急着要买”。通过采用嘻哈文化影响下的街头文化的语言和意象，耐克将Air Jordan作为一款带有种族色彩的时尚运动鞋推出，而耐克却声称只对运动感兴趣。[19]

图7.16 耐克Air系列，包括汀克·哈特菲尔德的设计，耐克的广告，1988年

广告刺激了需求，并支撑了耐克从20世纪80年代末开始的成功。哈特菲尔德回忆说，Air Max立即获得了成功。零售商预订了60多万双，[20]它被行业评论家认为是一种专业的跑鞋，但也可以在日常生活中随意穿着。1987年4月，《跑步者世界》的一名评论员写道：“撇开它透明中底这一噱头不讲，你在任何其他耐克鞋中都不能找到比Air Max更多的缓冲空间。”他总结道：“在有限的磨损测试中，我们发现Air Max具有特殊的缓冲功能。”在附带的照片中，这款鞋的亮红色镶边与竞争对手销售的灰蓝色鞋款形成鲜明的对比，正如哈特菲尔德所希望的那样。该杂志后来说，这款鞋“立即被市场接受”，但指出“跑步者购买它的原因大部分是因为透明的中底”，显然意识到气垫是这款鞋大获成功的关键，[21]其他鞋型的销量也相当可观。在一定程度上，由于他们在新一代的非洲裔美国说唱艺术家中大受欢迎，所以连续迭代的Air Jordan也非常受欢迎。Air Jordan等款式出现在说唱单曲和专辑的封面上，而在1988～1995年间，每周播

出两个小时的音乐节目MTV Rap为耐克和非洲裔美国人的风格提供了进一步的曝光机会。同样的，流行的情景喜剧《新鲜王子妙事多》（*The Fresh Prince of Bel-Air*）为全世界的主流观众带来了一种适合家庭的嘻哈风格，并成为耐克的非官方推广工具：在三个赛季里，明星威尔·史密斯（Will Smith）（扮演《新鲜王子》里的说唱歌手）穿着耐克的款式，[22]就像阿迪达斯和彪马在20世纪80年代早期与嘻哈联系在一起一样，Air Jordan和其他款式的鞋也与嘻哈联系在一起。随着嘻哈的流行，耐克鞋与受嘻哈影响的流行风格和运动联系在一起。吸引广大的运动休闲人群，这对耐克的成功来说至关重要。了解运动鞋对普通人的吸引力，并在必要时设计出符合他们需求的鞋，这是耐克崛起不可或缺的一部分。

* * *

在欧洲也出现了类似的趋向休闲风格服装的趋势，尽管一开始没有美国那么普遍。在西德，政府支持的“全民运动”活动刺激了运动鞋市场，阿迪达斯和其他公司开始迎合那些注重外表的运动员。Trimm Star是阿迪达斯第一双明确与西德体育联盟的体育运动相关的运动鞋，于1970年推出。该款式由DSB正

图7.17　Trimm Star和Trimm Master训练鞋，阿迪达斯产品型录，1970年

式授权，采用塑料鞋底技术，首次出现在20世纪60年代初。这是一双基本款的鞋，适合做温和的运动。它最重要的创新是外观：与阿迪达斯的其他鞋型不同，Trimm Star是棕色的。它的设计是为了配合非正式的休闲服装，而不是色彩鲜艳的运动服；绒面革鞋面是为了融入背景，而不是在运动场上脱颖而出。阿迪达斯称其为“高价值的运动和娱乐全能鞋”。在整个20世纪70年代，在阿迪达斯系列中，基础训练鞋和“Freizeit”类别的训练鞋开始变得越来越重要，这反映了财富水平的上升和休闲时间的增加。[23]

图7.18 西德体育论坛的时尚建议，西德，1975年

1978年9月，阿道夫・达斯勒去世，他的儿子霍斯特逐渐成为公司的新掌门人，这促使公司更加积极地进军以时尚为导向的休闲市场。在20世纪60年代末，霍斯特推动阿迪达斯进入服装生产领域。20世纪70年代，阿迪达斯的服装融入了流行时尚元素，喇叭裤、翼领和印花图案都变得很常见。1979年，在赫佐根奥拉赫出版的宣传通信《阿迪达斯新闻》概述了霍斯特在20世纪80年代的做法。该报道的作者声称，关注性能是不够的。买家期望的是“运动和休闲产品要非常时尚”，因为运动本身已经成为时尚。赫佐根奥拉赫的设计师将通过“阿迪达斯——运动——文化”的新系列，以满足大众对“完美的功能、高品质的优雅和时尚的运动设计”的需求。霍斯特适时地招募了时装设计师，公司也接受了流行时尚的语言。在1983年秋季的国际体育用品博览会上，“阿迪达斯推出了令人兴奋的新鞋、泳装、网球服和休闲服系列”，承诺1984年将成为“阿迪达斯有史以来最时尚的夏季产品——闪亮的颜色、诱人的剪裁和新的图案”。不仅是纺织品，鞋子的颜色也设计得与服装很相配。阿迪达斯跟随主流时尚潮流的曲折发展，将流行风格的主题引入到针对运动和休闲市场的产品中。[24]

“阿迪达斯——运动高级定制”的目标从该公司的网球产品中就可以明显看出。霍斯特・达斯勒长期以来一直将网球视为一个重要市场，并在20世纪80年代初将伊万・伦德尔（Ivan Lendl）、斯特凡・埃德伯格（Stefan Edberg）和施特菲・格拉芙置于公司走向流行时尚前沿的中心。1985年初，《阿迪达斯新闻》展示了伦德尔的造型T恤、毛衣和短裤，上面有校园风的

12

Keine Mode probleme!

Um zu laufen, braucht man nicht sehr viel an Ausrüstung. Fürs erste genügen ein paar alte Jeans, Shirts, Pullis, das findet sich in jedem Kleiderschrank. Nur eins muß man sich auf jeden Fall anschaffen: ein paar richtige Laufschuhe.

Die Mütze
Man braucht sie nur, wenn die pralle Sonne scheint. Im Winter hält eine zünftige Pudelmütze die Ohren warm.

Das Trikot
Fröhliche T-Shirts sind im Sommer besonders gut geeignet. Es gibt sie jetzt sogar mit der Trimm-Trab-Fußspur. Kaufen Sie sie nicht zu kurz.

Der Trainingsanzug
Für alle, die ihre Laufstrecke nicht vor der Tür haben, ist er besonders nützlich. Aber auch immer dann, wenn die Temperaturen unter 20° gesunken sind.

Je nach Witterung die richtige Zusatzbekleidung
Der Anorak schützt auch den Läufer vor dem Regen. Und wenn es mal richtig kalt ist, sorgen Unterziehanzug, Pullover und Handschuhe dafür, daß das Laufen auch im Winter Spaß macht.

Die Schuhe
Leichte Laufschuhe mit durchgehender profilierter Sohle sind der wichtigste Teil Ihrer Laufausrüstung. Achten Sie darauf, daß sie groß genug, weich, geschmeidig und atmungsaktiv sind.

Die Socken
Tragen Sie Baumwollsocken, die schweißaufsaugend sind und nicht rutschen.

13

SUN-MAID
adidas
SAS
mita
STEFAN EDBERG
BRAD GILBERT
UNITED

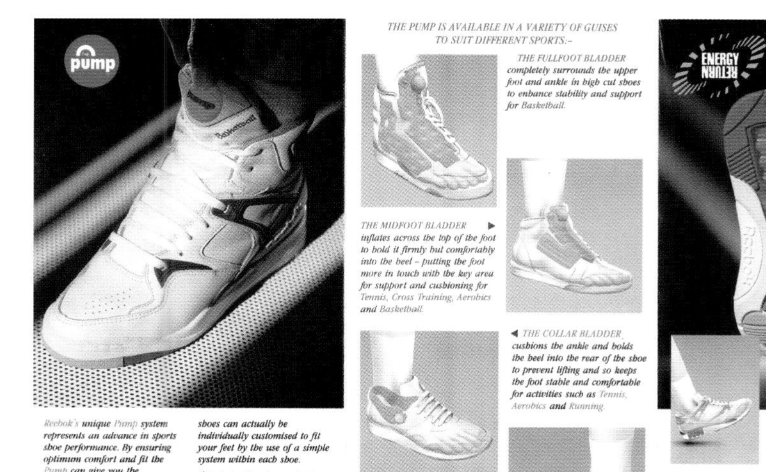

图7.19 （对页图）斯特凡·埃德伯格穿着阿迪达斯，1985年

图7.20 （上图）Reebok技术，1990年

几何图案，还有一系列标志性的蓝红装饰。该公司表示，捷克的球员“变得更加时尚了”，并问道：“谁不希望自己像伊万一样时尚呢?”第二年，与埃德伯格有关的“非常时尚”系列服装和“新开发的顶级网球鞋”被宣布推出。每件物品上都有一个风格化的“SE”，上面有黄色、红色和绿色的米罗风格的涂鸦。这双白色皮鞋镶有同样的颜色。伦德尔同时收到了一个“最新时刻”的新设计：一个风情化的脸，看起来像是从一个迷幻摇滚专辑的封面上复制过来的。1987年，格拉芙推出了一个“非常时尚”的系列。衣服上有棋盘图案、石灰绿色和粉红色的星星，还有闪电。该系列的两款鞋设计得很相配，有粉色条纹、绿色衬里、银星花边，还有一个施特菲·格拉芙的标志在鞋舌上。施特菲·格拉芙 SE的侧面有银星、粉红色的镶边和石灰绿色的蕾丝。据《阿迪达斯新闻》报道，“整个系列都是由年仅18岁的施特菲·格拉芙开发的，她为鞋子的设计贡献了自己的想法和建议。”新款式与功能更明显、技术更先进的“大满贯”鞋形成了鲜明的对比。他们明亮的装饰，应该能够吸引典型的20世纪80年代的青少年，并使其在网球场之外有吸引力。[25]

* * *

阿迪达斯试图在运动鞋中加入时尚元素，而耐克则在运动鞋设计和营销方面树立了新标准。耐克Air系列的复兴和耐克雄心勃勃的广告宣传活动的成功，促使竞争对手推出了一系列花哨的技术。在20世纪80年代末，运动鞋因人类进入太空开发时代而发生了改变。从性能的角度来看，其中的许多好处或必要性都值得怀疑。它的作用是在表面相似的产品之间建立差异，从而吸引人们对未来技术的热情，并刺激消费。与阿迪达斯和彪马在20世纪60 ~ 70年代推出的创新产品相比，后来耐克Air一代运动技术的品牌效应和知名度都很高。阿迪达斯和彪马在20世纪60 ~ 70年代推出的创新产品在宣传资料中得到了强调，但对鞋本身的关注相对较少。各大公司相继推出了鞋底缓冲材料：如阿迪达斯推出了“软细胞”；锐步推出了管状缓冲系统和蜂巢气垫避震系统；彪马则是推出缓震系列。还有一些有特点的品牌，例如鬼冢的Gel系列和匡威的能量波系列。而其他技术则更为复杂，尝试“解决”难以沟通的问题。阿迪达斯推出了减震弹簧，这是一种嵌入鞋底的黄色塑料装置，旨在提供更大的稳定性。彪马推出了Disc装置，这是一个圆形的棘轮，用来代替鞋带，把鞋面系牢。然而，最引人注目的或许是锐步的Pump系列。这是一个塑料气囊系统，插入到鞋面，可以充气和放气，以提供“定制适合度”。这款鞋得到了广泛的宣传，篮球运动员丹尼斯·罗德曼（Dennis Rodman）、网球运动员迈克尔·张（Michael Chang）和高尔夫球手格雷格·诺曼（Greg Norman）等名人都在电视广告中打出了“充气，放空”的广告语。早期款式170美元的价格，确保了它们成为身份的象征。这些发展不仅得益于生产技术的改变，还得益于亚洲低成本生产的普及，后者为生产日益复杂的鞋子提供了必要的劳动力保障。从审美的角度来看，运动鞋变得比以往任何时候更大胆、更专业。[26]

与此同时，运动鞋行业内部变化的速度加快。耐克在1990年替换了第一个Air Max，第二代持续到1991年，第三代持续到1993年。每个赛季都有一款新的Air Jordan在大张旗鼓地宣传下发布。在此之前，鞋子会保持多年的不变，不会随着新的生产技术的出现而更新和改变。阿道夫·达斯勒的工作周期为4年，为

图7.21 训练鞋时尚，《面孔》，1989年

奥运会和足球世界杯推出了新的精英鞋型。随着现代运动鞋成为令人向往的消费品，运动鞋行业欣然接受了时尚行业设计的快速转变，作为鼓励消费的一种方式。在20世纪70年代早期，耐克型号的平均寿命是7年，而到了1989年缩短到了10个月。就像不断变化的时尚一样，不断的技术创新迫使消费者更频繁地购买鞋子。款式的迅速更迭进一步刺激了消费。令人满意的鞋子一上市就被抢购一空，而另一种选择则是完全错过。公司通过限制供应，尤其是限量生产并在指定的经销点销售特定的Air Jordan鞋款，这就刺激了市场需求。潜在的买家被鼓励采取行动，因为他们知道在不久的将来就买不到了。[27]

随着新鞋型一款接一款地推出，这个行业也开始接受技术未来主义，因此一小部分时尚消费者开始远离。在英国、日本和美国，时尚潮人放弃了最新的鞋子，转而青睐20世纪70年代的款式。热衷于创新的生产商发现过时的普通设计突然变得非常受欢迎。1989年底，时尚杂志《面孔》报道称，在英国，“购买运动鞋的公众越来越固执，他们想要保持领先的地位越来越难，于是他们放弃了那些难以获得的款式。”在该杂志“十大被放弃的运动鞋（按难买到的程度排序）”中，有阿迪达斯Superstar和Gazelle、彪马States（已由“克莱德”改名）和耐克Bruin。这些“很可能是在廉价体育用品商店的一层厚厚的灰尘下发现的，通常是在人迹罕见的地方，只有专门的人才能找到”。大型连锁商店的增长和款式的快速周转意味着许多老旧的独立体育用品商店留下了多余的、不需要的鞋子，从体育的角度来看，这些鞋子已经过时。尼尔·赫德（Neal Heard）是一名寻找旧鞋的交易员，他走遍欧洲和美国，“洗劫独立运动用品商店的库房”，寻找“当时不存在的旧鞋”。他后来描述说，他发现了“成堆的小体育用品店，里面有很多闲置的东西，店主根本不知道其他人会想要这些东西”。在“臭气熏天的潮湿房间”和“成堆的垃圾”之间的鞋子被廉价地买了下来，然后高价转卖给日本收藏家或时尚的市场摊位或精品店。例如，当英国卡姆登（Camden）市场上的一个摊位开始出售以5英镑购买的阿迪达斯“超级巨星”运动鞋时，它帮助唤醒了更广泛的受众对旧款鞋的需求。在美国，20世纪90年代初，纽约下东区的店铺和东好莱坞的X-Large等商店也向时尚行家们提供旧款式。[28]

图7.22　绿洲乐队的利亚姆·加拉格尔（Liam Gallagher），穿着adidas Rom，1994年

一个建立在不断创新基础上的行业，消费者的怀旧情绪几乎是不可避免的。这些款式被冠以“老派”的名字，这反映了一个事实：在20世纪90年代，那些把它们视为时尚的青少年和20多岁的年轻人在十几年前的学校运动中也会穿这样的鞋子。这是第一代在阿迪达斯、彪马和其他品牌的世界中成长起来的年轻人。然而，这种对童年风格的怀旧挪用，也可以被解读为对20世纪80年代行业发展方向的一种反抗。随着亚洲工厂恶劣的工作条件被曝光，以及对耐克等公司采用的全球化生产模式的批评，老式鞋可能成为一种表达对物质消费主义反感的手段。通过复兴那些被主流消费模式视为过时的商品，时髦的消费者暗中挑战了大型运动鞋生产商的全球化消费体系。回归老款鞋型代表着对当前许多鞋型的外观和价格上的拒绝。20世纪80年代末，鞋用响亮的标志、鲜艳的颜色和图案，以及复杂的设计来吸引眼球。《终结》杂志的前编辑胡顿在1990年表示：“人是最主要的原因，在过去的一年中，你是否一直穿着阿迪达斯和彪马的鞋？这是因为运动鞋公司正在生产一些最愚蠢、最糟糕的运动鞋吗？疯狂地寻找老式运动鞋是为了对抗现在糟糕的运动鞋。”锐步这样的鞋子过于昂贵和复

Marshall

图7.23 （左图）野兽男孩（Beastie Boys）专辑《摸摸你的头》（*Check Your Head*），来自国会唱片（Capitol Records），1992年

图7.24 （对页图）穿着阿迪达斯（Campus）的野兽男孩组合，1994年

杂，不适合日常穿着，视觉噪声太大。[29]

老派风格受到一波流行音乐家的推崇。在伦敦，复古风格被各种爵士和新浪潮乐队所接受。他们的鞋子反映了伦敦是他们的大本营，那里有许多市场和二手商店，同时也反映了这两个地方受到倒退音乐的影响。当20世纪90年代早期最著名的爵士乐队杰米罗奎（Jamiroquai）在1992年获得主流音乐的成功时，歌手杰·凯（Jay Kay）经常穿着旧阿迪达斯鞋出现在公众面前。同样，橡皮筋乐队（Elastica）、These Animal Men乐队和其他受朋克影响的吉他乐队穿的复古训练鞋、紧身牛仔裤和T恤，也为20世纪90年代中期的英式流行音乐提供了服装模板。Blur将同样的外观带给更广泛的用户。与此同时，在曼彻斯特，绿洲乐队的着装受到了英国北部足球看台时尚的启发。随着这些团体越来越成功，他们的风格通过唱片、音乐视频、电视亮相、杂志照片传播给大众和主流观众。

在美国，纽约的野兽男孩组合使经典运动风格得到了更广泛的关注。阿迪达斯和彪马的旧款篮球鞋是他们对20世纪70年代末和80年代初嘻哈文化的尊重和视觉表达；就像他们音乐中来自旧唱片的灵感一样，这双鞋是过去

时代的回声。它们也代表了其与滑板的联系：20世纪90年代初街头滑板的兴起，意味着许多滑板者选择了价格便宜的运动鞋，作为高端滑板鞋的廉价替代品。[30]当被问及他们在MTV的《时尚屋》（*House of Style*）节目中的服装选择时，他们把寻找鞋子比作收集唱片；对他们来说，寻找鞋子既是一种亚文化资本的展示，也是一种他们对过去风格的了解（在采访中，他们故意引用了涂鸦摇滚）和挖掘被遗忘但令人向往的消费能力的展示。[31]Mike D（又名Michael Diamond）解释说："我们喜欢的很多东西，不是那种随处都能买到的东西。你得不停地寻找。这是佩戴它的一部分……这是一种，你知道的，寻找，长途跋涉，寻找，得到的刺激。"他概述了团队对运动鞋的偏好："我们的倾向不是今天生产的，我们喜欢的风格不是那些经典的、简单的、功能设计的鞋子。关键是找到那些原创的、实用的、漂亮的功能性设计，是全新的鞋子。"[32]野兽男孩对过时的后现代应用体现在他们1992年的专辑《摸摸你的头》的封面上。黑白封面上的这组人坐在路边，显眼地展示着老式的彪马"克莱德"和阿迪达斯Campus款，这把他们推向了全球各地。[33]

生产商和主流零售商对这一方向的突然转变感到措手不及。十多年来，消费者对运动和时尚服装的现代设计都欣然接受。复古风格是一个行业的彻底转变，呈现出技术不断进步的态势。回顾1995年，伦敦大型体育连锁店之一眼镜蛇体育的助理经理侯赛因·奥马尔（Hussein Omer）告诉《面孔》："当复古风第一次大规模出现时，所有人都渴望它，而制造商却无法交货。"他说，为了满足需求，"人们到北方的商店购买旧货"。由于担心过于迎合日常运动休闲市场，生产商不愿满足这种与精心营销的品牌形象相抵触的需求。听他和其他人说"曾经联系各大品牌，告诉他们具体情况，并要求他们重新发行某些款式的产品，但他们就是不想这么做"。卡尔-海因茨·朗（Karl-Heinz Lang）是阿迪达斯20世纪90年代初的一名经理，他回忆起实用主义者和营销人员之间的激烈争论，前者意识到容易生产的老款鞋的市场正在增长，后者则担心重新推出过时的鞋会损害公司的品牌。与以往基于当前设计的时尚尝试不同，复古风格呈现出一个根本性的矛盾。要公开应对这一需求，就意味着要承认人们穿运动鞋是为了时尚，而大的运动品牌仍然不愿意这么做。[34]

运动鞋公司通过使用传统的优势和现代的设计语言，解决了时尚和性能之间的明显矛盾。阿迪达斯是第一个，也是最成功的一个。20世纪90年代初，该公司遭遇了巨大的打击。1987年霍斯特·达斯勒意外去世后，7200万英镑的亏损几乎毁了这家公司。在某种程度上，这要归咎于该公司在美国的糟糕表现，以及其偏离核心体育的行为，人们认为，对时尚的追求疏远了许多以运动为导向的消费者，并损害了阿迪达斯的品牌。20世纪80年代在创立耐克品牌的罗伯·斯特拉瑟（Rob Strasser）的帮助下，阿迪达斯按照耐克的形象重塑了自己。该公司在欧洲的工厂被关闭，生产许可证被吊销，制造的压力被移交给了亚洲的承包商。和耐克一样，阿迪达斯也成为一家设计和营销公司。1991年，一份可能由斯特拉瑟撰写的文件在公司内部流传。它解释说，著名的三叶草标志正在被抛弃，因为“在许多国家，它只代表时尚和风格”。一个新的品牌——阿迪达斯“Equipment”，将“不受时尚潮流的影响”，而是“建立在阿迪达斯的根基之上，建立在其传统优势之上”。“Equipment”鞋将没有“不必要的时尚特征或技术噱头”。然而，这为老款的复兴提供了空间，这些旧款可以在阿迪达斯真正的体育遗产的基础上销售。以时尚为导向的子品牌“Originals”于1991年与“Equipment”同时悄然推出。像“超级巨星”、瞪羚、桑巴、罗姆和斯坦·史密斯的鞋提供了其原来的颜色，但也有一系列柔和的黑色、棕色、绿色和蓝色。它们提供了进入休闲市场的途径，无须太多投资。而且制作简单，只需要最基本的性能，就可以用更便宜的材料来制作。彩色材料的使用使基本的设计产品具有无限的多样性。尽管最初有顾虑，但在20世纪90年代，其他公司也开始采用复古时尚的风格。1995年，奥马尔告诉《面孔》，“制造商们正在完成订单，到处都有瞪羚、Campus、彪马的购买者。”耐克的反应较慢，可能是因为它比其他任何公司都更贴近自己的体育现代化形象。但在1994年，耐克重新推出了首批Air Jordan运动鞋。在随后的几年中，基本款式开始上市，并在近十年末开始了更广泛的再发行计划。在21世纪初，许多被遗忘的款式在时尚市场上复活，

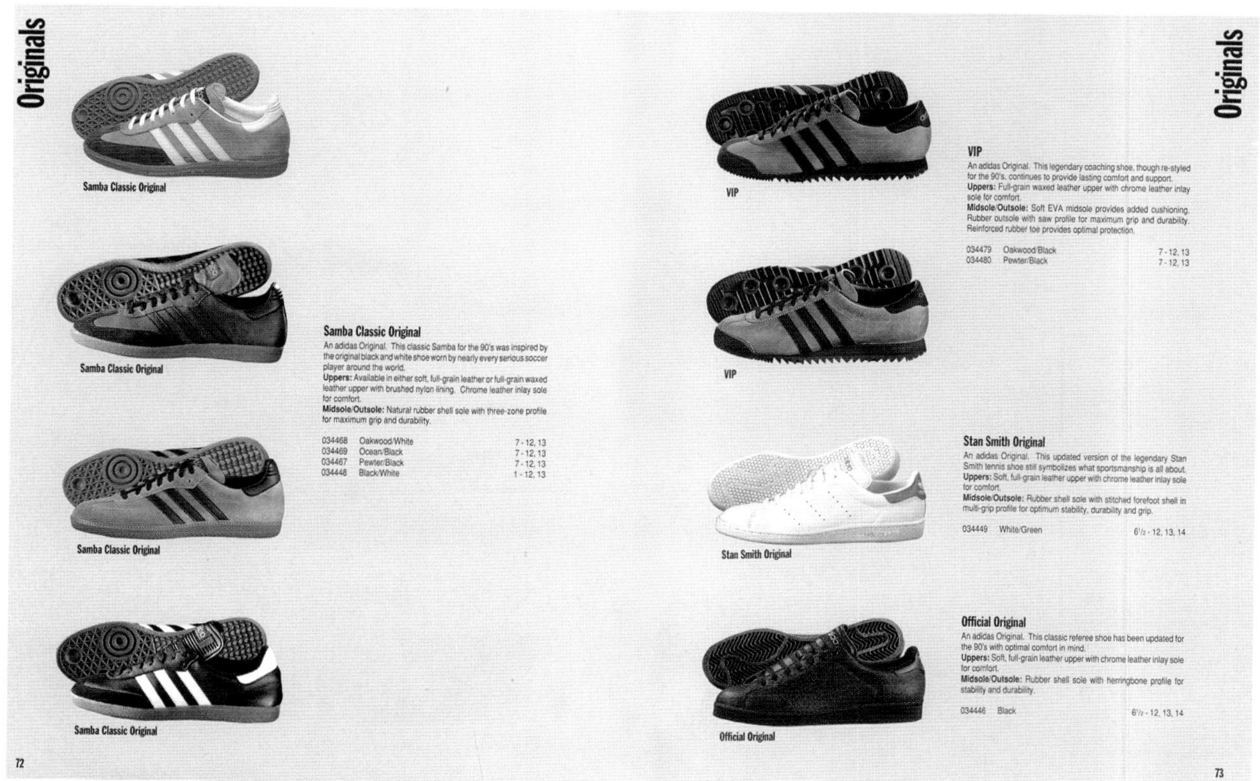

Originals

Samba Classic Original

Samba Classic Original

Samba Classic Original

Samba Classic Original

Samba Classic Original
An adidas Original. This classic Samba for the 90's was inspired by the original black and white shoe worn by nearly every serious soccer player around the world.
Uppers: Available in either soft, full-grain leather or full-grain waxed leather upper with brushed nylon lining. Chrome leather inlay sole for comfort.
Midsole/Outsole: Natural rubber shell sole with three-zone profile for maximum grip and durability.

034468 Oakwood/White 7 - 12, 13
034469 Ocean/Black 7 - 12, 13
034467 Pewter/Black 7 - 12, 13
034448 Black/White 1 - 12, 13

72

Originals

VIP

VIP

VIP
An adidas Original. This legendary coaching shoe, though re-styled for the 90's, continues to provide lasting comfort and support.
Uppers: Full-grain waxed leather upper with chrome leather inlay sole for comfort.
Midsole/Outsole: Soft EVA midsole provides added cushioning. Rubber outsole with saw profile for maximum grip and durability. Reinforced rubber toe provides optimal protection.

034479 Oakwood/Black 7 - 12, 13
034480 Pewter/Black 7 - 12, 13

Stan Smith Original

Stan Smith Original
An adidas Original. This updated version of the legendary Stan Smith tennis shoe still symbolizes what sportsmanship is all about.
Uppers: Soft, full-grain leather upper with chrome leather inlay sole for comfort.
Midsole/Outsole: Rubber shell sole with stitched forefoot shell in multi-grip profile for optimum stability, durability and grip.

034449 White/Green 6½ - 12, 13, 14

Official Original

Official Original
An adidas Original. This classic referee shoe has been updated for the 90's with optimal comfort in mind.
Uppers: Soft, full-grain leather upper with chrome leather inlay sole for comfort.
Midsole/Outsole: Rubber shell sole with herringbone profile for stability and durability.

034446 Black 6½ - 12, 13, 14

73

图7.25 adidas Originals，阿迪达斯产品型录，1992年

运动鞋营销呈现出许多与高街时尚相同的特点。[35]

* * *

20世纪80年代末的库存搜寻者和时尚鉴赏家表明，现代运动鞋以生产商没有预料到的方式再次成为潮流。20世纪90年代复古运动时尚的兴起，证明了音乐和媒体塑造大众品位的力量，以及许多“二战”后鞋款的线条本身就具有审美吸引力。这种对运动鞋的后现代处理方式为生产商提供了一条进入主流时尚的途径，通过运用传统的优势和现代的设计语言，他们可以区分哪些是针对运动爱好者的产品和哪些是打算在不太激烈的环境下穿着的产品。然而，到了20世纪90年代，全球数百万人已经将现代运动鞋作为一种舒适的日常或休闲鞋类。在20世纪60年代和70年代，这种鞋子主要局限于运动场上，而现在则经常出现在大街上。这种转变是由西方社会的结构性变化所支撑的，西方社会逐渐变得富裕和悠闲，但它也伴随运动鞋生产和销售方式的变化。随着耐克在20世纪70～80年代的崛起，普通运动鞋几乎被定义为一种发展中国家生产的产品。销

Originals

Marathon Trainer

Marathon Trainer

Marathon Trainer

An adidas Original. This classic performance running shoe has been reinterpreted for the 90's with styling and comfort in mind.
Uppers: Full-grain, waxed leather upper for comfort, durability and water repellancy. Chrome leather inlay sole for added comfort.
Midsole/Outsole: Shock absorbing EVA midsole. Solid rubber outsole with heel and forefoot shell for added protection and stability. "Spoiler" sole extension provides maximum shock absorption.

034464	Vintage/Black	7 - 12, 13
034465	Old Moss/Black	7 - 12, 13

Country Original

Country Original

An adidas Original whose classic design and comfort still endures today.
Uppers: Soft, full-grain leather upper.
Midsole/Outsole: EVA midsole for added comfort. Rubber outsole with toe bumper for durability.

034450	White/Green	6½ - 12

70

Originals

Superstar

Superstar

Superstar

Superstar

Superstar

An adidas Original. This legendary lo-cut performance basketball classic has now been updated into an adidas Original.
Uppers: Available in either soft leather upper or full-grain waxed upper with chrome leather insole.
Midsole/Outsole: Rubber shell sole with herringbone profile and rubber toe cap for protection and style.

034451	White/Black	6½ - 12, 13, 14
034463	Gaucho/Black	7 - 12, 13
034462	Blue Ice/Black	7 - 12, 13
034458	Black/White	6½ - 12, 13, 14

71

售优先于生产，鞋是如何制造的，在哪里制造的，都变得无关紧要了，更重要的是鞋子的品牌价值。廉价的、亚洲生产的鞋子被无所谓的想法包裹着，通过产品宣传和复杂的营销活动传达出来。然而，大多数的“运动鞋”实际上是廉价的鞋子，看起来像运动鞋，但适合随意穿搭。无论是出于时尚、舒适、成本还是纯粹的实用性，消费者都很喜欢这些鞋子。

adidas

第8章

结论

2004年，阿迪达斯迎来了“超级巨星”诞生35周年，“超级巨星”是阿迪达斯最受欢迎的鞋型之一，在周年纪念活动中被用作广泛营销的基础。该活动由运动鞋网站Crooked Tongues背后的英国爱好者负责制作，强调了这款鞋的传统和它在体育之外积累的前景联想。[1]“超级巨星”被誉为流行时尚偶像，它超越了篮球的起源，成为嘻哈说唱、涂鸦、朋克、滑板、英式流行音乐和街头风格的重要产品。这款鞋发布了35个特殊款式，每个款式都是针对不同的消费群体量身定制的，基本设计采用了彩色、印花和压纹皮革。其中一些款式与著名流行音乐家有关，包括Run-D.M.C.、米茜·艾莉特（Missy Elliot）、红辣椒乐队（Red Hot Chilli Peppers）和伊恩·布朗（Ian Brown），而其他人则向视觉艺术家安迪·沃霍尔（Andy Warhol）、沃特·迪士尼（Walt Disney）和涂鸦作家李·奎诺尼思（Lee Quinones）致敬。其中一些是与狂热的街头服饰品牌和精品店合作设计的，所有这些都是限量供应。该系列的核心产品是对1969年原版鞋型的再现，尽管阿道夫·达斯勒没有参与这款鞋型的最初设计和制造，但它的鞋跟上有阿道夫·达斯勒的脸的图案。公司创始人对运动和实用的独创性的承诺被引用在宣传材料中，结合了旧的营销形象，他的助理的想法以及对音乐家、DJ和收藏家的采访。一系列的派对和活动，一个网站，还有一本书都在宣传同一个主题。这是阿迪达斯第一次对运动鞋进行如此全面的重新包装，这有助于阿迪达斯品牌的重塑。现在，阿迪达斯不仅关乎运动和技术专长，也关乎时尚和现代生活方式。[2]

“超级巨星”35周年纪念活动体现了21世纪初形成的营销模式。彪马在2005年进行了“克莱德”的周年庆，在2007年耐克庆祝了它自己的篮球传奇——“空军一号”的25岁生日。随着主要的运动品牌开始拥抱时尚，并开始瞄准更注重风格而不是性能的消费者，20世纪60年代、70年代、80年代和90年代的设计被重新拾起并投入生产。类似的活动随后也在其他鞋款中出现。然而，这些新的“复古”款式所使用的鲜艳颜色和不同寻常的材料，往往与早期的原型形成鲜明的对比，在大多数情况下，21世纪的鞋子都是在原型鞋的基础上进行了巧妙的改造。行业法规意味着过去的一些生产技术和材料不能再使用，而精心的设计

图8.1 “超级巨星35”，阿迪达斯宣传页，2005年

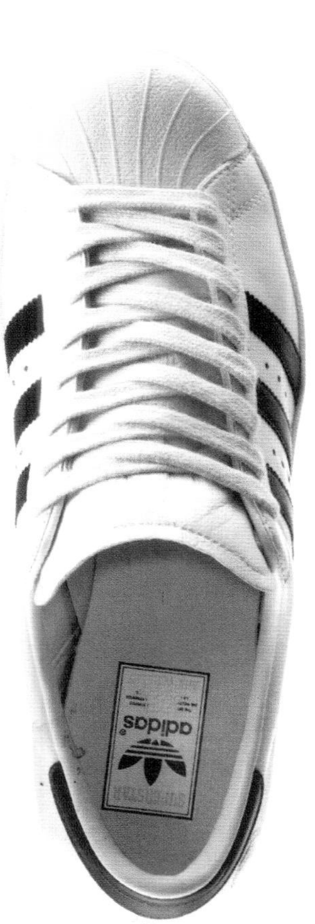
adidas
SUPERSTAR

SILHOUETTE **VINTAGE**
AVAILABLE **WORLDWIDE**
QUANTITY **700**
RELEASED **1ST JAN 2005**

#01 ADI DASSLER

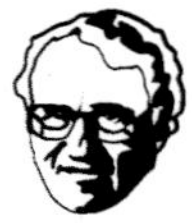

The Adi Dassler shoe is a true reflection of the look and feel of the original Vintage Superstar. It's a reintroduction of the 1970 model created by Adi Dassler and offered to those outside the Pro basketball circuit. 1970 was the year that this shoe ignited an icon.

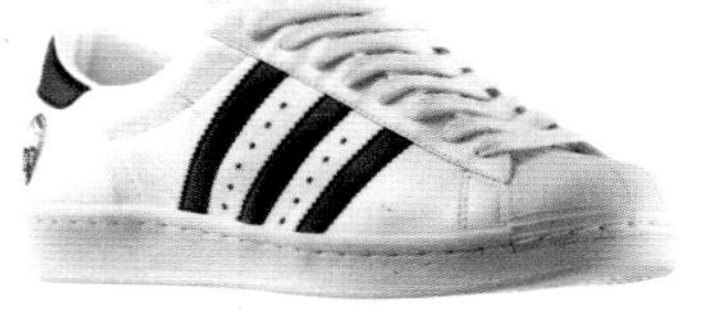

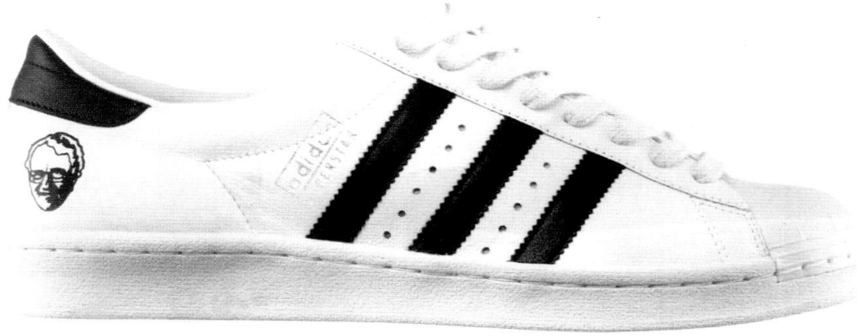

TECHNICAL BREAKDOWN

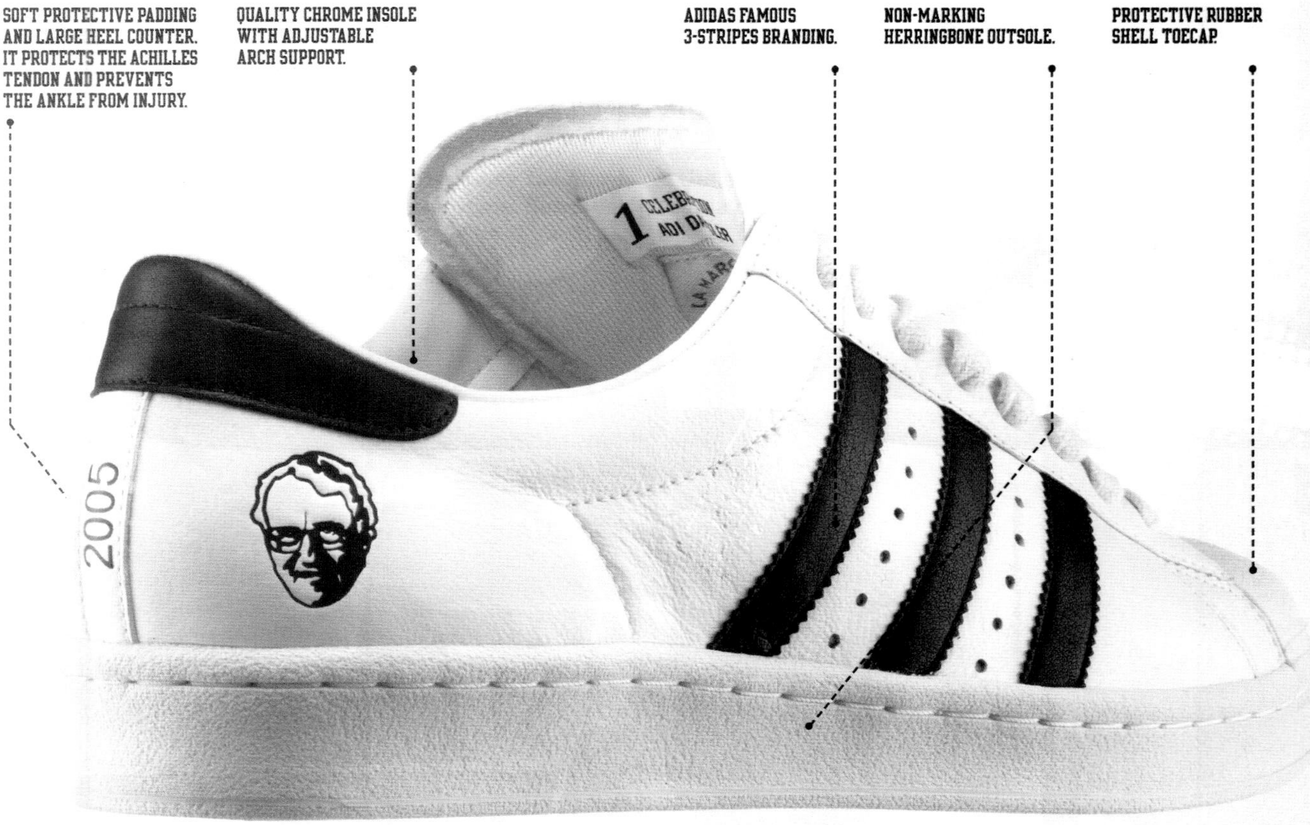
SOFT PROTECTIVE PADDING AND LARGE HEEL COUNTER. IT PROTECTS THE ACHILLES TENDON AND PREVENTS THE ANKLE FROM INJURY.
QUALITY CHROME INSOLE WITH ADJUSTABLE ARCH SUPPORT.
ADIDAS FAMOUS 3-STRIPES BRANDING.
NON-MARKING HERRINGBONE OUTSOLE.
PROTECTIVE RUBBER SHELL TOECAP.
2005

降低了生产和销售成本，消除了那些专门针对体育用品买家需要但对大众休闲市场没有必要的组成元素。消费者在合身、舒适和款式方面的品位不断变化，也促使他们进一步地改变。聪明的市场营销同样也改变了历史。这些鞋的优秀传统和更普遍的文化联系被强调。在大多数情况下，主流品牌会主动拉拢一小群时尚消费者，通常与音乐、时尚、艺术和设计有关，以增加他们在街头的可信度，并刺激更广泛、信息不那么灵通的市场需求。老款鞋与其他时尚品牌、商店和个人重新设计的合作变得很常见。从最基本的意义上讲，这个过程不过是一次上色练习，简单地选择新的颜色和材料。从制造的角度来看，这些协作从现有的设计、工具和生产专业知识中提取价值。对于相关品牌来说，他们通过最简单的联想增加了商业声望，并为成熟的鞋型注入了活力。毫无疑问，这些鞋是为休闲人士设计的，而不是专业的运动员。

像“超级巨星35”这样的鞋子源自于20世纪初开始出现的球鞋文化。就像其他商业领域一样，互联网也改变了运动鞋的营销，但新的通信技术也催生了一个自称“运动鞋迷”的群体。粉丝、收藏家和业余球鞋历史学家聚集在网站和论坛上，如运动鞋网站Crooked Tongues、潮流者（Hypebeast）、Niketalk网站，以及2002年推出的澳大利亚球鞋爱好者杂志《鞋痴》（*Sneaker Freaker*）的数字网站。这使得有兴趣的人可以分享关于当前和过去鞋子有关的故事、照片和信息。大约在同一时间，罗伯特·博比托·加西亚、斯库普·杰克逊（Scoop Jackson）、尼尔·赫德、蒂博·德·隆热维尔（Thibaut De Longeville）和丽莎·莱里昂内（Lisa Leone）的纪录片《只因好玩》（*Just for Kicks*）为大众提供了关于运动鞋历史的入门读物，并帮助人们理解了什么是收藏家或粉丝。[3]图书、在线信息和传统营销的激增，让任何人都可以进入曾经的小众追求，这有助于定义新的运动鞋文化。[4]近10年，社交媒体进一步改变了这一格局。曾经有一小群相对孤立的狂热者、收藏家和痴迷者，现在他们是一个可以全球联系的社区。易贝（Ebay）和其他销售网站将“搜索和寻找”的功能从购买和收藏中解放出来，使那些下定决心去寻找以前无法买到的款式的人，或者那些有经济实力希望以高昂的转手价格购买受欢迎的鞋子的人得以实现心愿。现实世界的运动鞋大会允许粉丝和收藏家聚集在一起，买卖难以找到的运动鞋款。这一发展受到了各大品牌的监督和鼓励，且方兴未艾。被遗忘的、在网上大受欢迎的鞋型被重新投入生产，时尚品牌被确定为潜在的合作对象。现如今，不断发布的广告被用来激发大众购买欲和鼓励买家消费。这些鞋款的制作数量受到刻意限制，售卖方式也受到严格限制。通过制造稀缺性，主要品牌为某些产品增添了光彩，并确保供不应求。今天的运动鞋文化在很大程度上与各大品牌共存。

21世纪初运动鞋营销和设计的变化，并达到这种趋势的顶峰至少发展经历了10年。经过20世纪70年代和80年代的试探性发展，20世纪90年代，主要的运动品牌开始逐渐适应主流时尚。他们找到了一些方法，可以让那些直接针对时尚意识的产品与那些更倾向于运动的买家一起购买。在困难时期，阿迪达斯和彪马依靠对休闲服装的销售来维持经营。尽管它们的高性能产品举步维艰，但像阿迪达斯的“超级巨星”、斯坦・史密斯和瞪羚以及彪马的绒面革和购物车里的老款产品却成了休闲风格的中坚力量。[5]成熟的市场商机确保了与体育相关的品牌形象不会被与时尚的联系所玷污。阿迪达斯在21世纪初将运动风格和运动表现作为独立的公司部门，并在2002年推出阿迪达斯“Originals”作为一个以时尚为导向的子品牌。从1991年开始，复古款鞋大获成功，而“Originals”系列鞋则以与秀场款相同的运动传统风格为基础，主要面向休闲市场。与此同时，阿迪达斯与设计师山本耀司（Yohji Yamamoto）和斯特拉・麦卡特尼（Stella McCartney）合作开发运动产品，模糊了性能和风格之间的界限。2008年，阿迪达斯允许杰瑞米・斯科特（Jeremy Scott）对老款产品进行一系列改造。与此同时，耐克开发了一种美学语言，从运动功能转向设计概念主义。塞尔吉奥・洛扎诺（Sergio Lozano）的Air Max 95的灵感来自地质分层，克里斯蒂安・特雷瑟（Christian Tresser）的未来主义Air Max 97来自日本新干线列车，埃里克・艾瓦（Eric Avar）设计的发泡材质Air Foamposite系列篮球鞋灵感来自甲虫的壳。与耐克在韩国和中国的制造商的产品工程师和开发人员合作，这些鞋子将技术和制造的独创性与风格创新结合在一起，延续了汀克・哈特菲尔德和其他设计师在20世纪80年代末建立的理念。[6]它们的目的是注重风格还是注重外观，或者两者之间是否有区别，都值得怀疑，但毋庸置疑的是他们的成功，以及作为整个品牌主推的鞋款。例如，彼得·福格（Peter Fogg）在1997年设计的以摩托车为灵感的越野跑鞋Air Terra Humara变得如此时尚，以至于吸引了《时尚》（*Vogue*）杂志的注意。[7]尽管有差异化营销，但现在消费者群体之间有相当大的意见交流。针对运动员的产品融入了时尚元素，针对时尚和时尚市场的产品融合了最新的技术。在19世纪和20世纪，把运动和时尚严格地划分开来是很不自然的。

被时尚界或当代运动鞋文化所推崇的运动鞋是一个更大行业的冰山一角。似乎可以说，大多数运动鞋的购买都是基于多种因素的组合：考虑鞋子将在哪里穿、舒适度、颜色、美学、品牌效应、与文化的联系、成本、什么是流行的和什么不是。激励运动鞋迷购买的力量不是激励大众市场的力量，许多消费者对鞋子背后的故事并不感兴趣。在大多数情况下，运动鞋是作为主流休闲服装出售和穿着。过去，它们只能在二线城市的体育用品商店里买到，现在它们可以在市中心和购物中心的主要零售商那里买到。款式按季节周期发布，颜色和形状取决于流行趋势。运动鞋为流行杂志和网站的时尚版面增色不少。然而，这一点也可能掩盖了一个更为广泛的事实：许多运动鞋都是作为实用的鞋子购买的，“时尚”对其几乎没有影响。每年都有大量普通的中档鞋被售出。在主要体育公司的产品销售中，伴随着无数不带品牌的廉价鞋的销售。例如，阿迪达斯的斯坦·史密斯鞋的成功，最有可能的原因是它舒适、简单的设计，与系列服装都能搭配得很好。运动鞋的成功或许是因为舒适、经济实惠的鞋子更具有持久的吸引力，也因为它适合于现代生活中的日常活动。

* * *

运动性能品牌进入主流衣橱，这些运动鞋品牌公司公开瞄准时尚市场并不是什么新鲜事。相反，它们是开始于19世纪晚期。自19世纪70年代以来，运动鞋就将运动性能与时尚融为一体。体育灵感的风格已经流行了一个多世纪。第二次世界大战前后的运动鞋历史表明，消费者拒绝被制造商的建议所束缚。起初认为适合运动的鞋子逐渐被更广泛的使用，并在这个过程中以各种各样的方式被理解。当考虑到所提供的经济回报，制造商们欣然接受并鼓励运动鞋的新思维方式，这或许就不令人意外了。如今，主要的体育运动品牌在很大程度上和20世纪30年代的大型橡胶公司一样经营。尽管市场营销活动强调它们与精英运动的联系，但它们的主要业务是生产简单、廉价的大众休闲鞋。为运动设计的鞋只占整体的一小部分。运动鞋和运动服装是时尚或休闲鞋业的一部分，受到类似周期和需求模式的影响。正如威廉·杜利在1913年认识到的那样，“运动鞋”一词包含了大量的专业和休闲鞋类。它代表了一种风格类别以及一种预期用途。

运动鞋的历史是关于积累文化联想和运动与流行时尚的相互作用。但它也与技术和商业变革、全球化生产和制鞋工业化有关。另外可能不会列出鞋子，但会列出制造这些鞋子的机器、材料和人。体育运动随着现代鞋业的发展而发展，并一直为技术实验提供场地。对性能的关注和对运动场所竞争优势的强调鼓励了具有创业精神的制造商进行创新。在这样一个产品类别中，鞋的外观和性能是次要的，制鞋商不断转向新兴技术、材料和工业科技的发展，以获得商业优势。维多利亚时代草地网球鞋的特点是新开发的硫化橡胶。20世纪20年代和30年代的帆布鞋和橡胶底鞋源于橡胶种植技术的改进与新的制造方法。20世纪后期的运动鞋是由新的塑料和合成材料、鞋底制造和安装方式的改变，以及大规模生产技术的发展而产生的。为了满足运动员的需求，新材料和制造方法的应用仍在继续。Boost是一种最新的聚氨酯缓震材料，是阿迪达斯和西德化工巴斯夫（BASF）公司的科学家合作的成果。[8]大型体育公司在研究和产品开发上投入巨资，通过实验室测试来打造适合不同运动项目、不同运动员要求的鞋型，不断突破鞋的极限。从这个意义上说，阿道夫·达斯勒的精神至今依然存在。

从技术的角度来看，运动鞋的历史展示了制鞋技术和新材料的传播应用。自19世纪后期以来，几乎每一项重大的创新都仍然存在，为精英运动创造的功能慢慢地被广泛使用。鞋和生产技术在运动中已经失去了功能性作用，但它们在被抛弃后却成了休闲装备。帆布橡胶底运动鞋，如匡威“全明星”、邓禄普

图8.2　耐克Flyknit面料，2012年

“绿闪光”和科迪斯软底帆布鞋，被生产数百万双，但现在被当作休闲鞋穿，而不是运动装备。也许更重要的是，随着制造商采用和调整最初用于运动鞋的生产技术，包括模制泡沫和橡胶鞋底、塑料后跟支撑、带衬里和定型鞋垫，已被纳入更传统风格的正式、休闲和工作鞋中。从某种意义上说，每一双橡胶和塑料鞋底的鞋都是维多利亚时代草地网球鞋的后裔。舒适的需求已经从体育运动扩展到日常生活。长期以来，体育运动提供了一个产品类别，在被更广泛的鞋业使用之前，新材料和技术可得以应用。

运动鞋的发展伴随着制鞋行业大规模生产的兴起，揭示了制造业正在进行的简化和自动化。20世纪20年代的网球鞋，是将橡胶鞋底与帆布鞋面黏合在一起，使用了巨大的烤箱，而不是用人工操作的机器，这大大减少了生产所需的时间和劳动力。同样，20世纪60年代可以直接粘在中底上的橡胶大底技术的运用，以及20世纪80年代新型注塑聚氨酯鞋底（如阿迪达斯的Trimm Trab）的采用，也是如此。这一趋势仍在继续。传统上，制鞋中劳动密集程度最高的部分是鞋面生产，这需要熟练的鞋面技师将几个小而复杂的部件缝合在一起。20世纪80年代和90年代的复合鞋可能只有西方消费者买得起，因为韩国、中国台湾

等国家和地区的制造这些鞋的工人工资非常低，同时电动缝纫机减少了对劳动力的需要。而耐克2000年推出的Air，2004年推出的Free和2012年Roshe Run 的发布，还有阿迪达斯的2014 ZX和2016 NMD（鞋由十二个组成部分制成），在某些情况下，降低了鞋面和鞋底的复杂性，[9]也许更重要的是，针织技术的进步完全消减了对技师的需求。2012年，耐克推出了专为精英跑鞋设计的Flyknit产品，此后广泛应用于整个跑鞋系列。该产品涉及Flyknit编织鞋面，在某些点改变编织密度以提供支撑。这对穿着者有利，因为它可以消除接缝，使产品更轻，但它对生产商也有显著的优势：生产过程几乎可以完全自动化，减少了劳动力的浪费。同年阿迪达斯则推出了一个类似的技术称为袜套面料技术（Primeknit）。2017年在巴伐利亚州公布了一项自动化“Speedfactory”。[10]这一技术，以及3 D打印技术的进步，使未来的鞋子不再需要大量的劳动力。[11]

生产向更加自动化的方向发展，表明生产商希望减少对外包人力的依赖，也表明亚洲的制造成本在不断上升。几十年以来，运动鞋一直与新自由主义、全球化世界秩序的崛起密不可分。自20世纪60年代以来，亚洲工厂一直以相对较低的成本为较为富裕的西方市场的消费者生产大量鞋子。贸易壁垒的减少和国际航运业的兴起使数百万双鞋能够运输到世界各地，并使生产者能够利用经济发展中的差异获利。这些转变为西方消费者带来了廉价的鞋子，但却导致了发达国家制鞋业的衰落。运动鞋工厂在日本、韩国、中国和其他亚洲经济体的发展中发挥了重要作用——尽管付出了人力的代价，但随着廉价、舒适的运动鞋取代了传统的休闲鞋，英国、美国和其他地方的鞋厂在竞争中举步维艰。从20世纪70年代起，大众市场的制鞋业逐渐从许多西方经济体转移出去。1986年的《商业周刊》（*Business Week*）引用耐克作为一个“空心公司”的例子，它导致了美国制造业的衰落。[12]然而，运动鞋一直是全球化的产品，草地网球鞋最早是在英国用巴西橡胶制造的。后来，他们使用东南亚种植园种植的橡胶，20世纪20年代西方制造商首先与亚洲制造商展开竞争。长期以来，运动鞋一直与国际贸易以及制造商将全球各地的材料和劳动力组合成一种产品的能力联系在一起。

全球贸易一直是影响运动鞋发展的一个重要因素，但它们与西方社会体育运动兴起的联系最为密切。它们是现代体育运动和娱乐体育活动诞生的必然结果，也是自19世纪末以来，特别是在英国、美国和西德，大众对娱乐体育活动的广泛参与的必然结果。这就是运动鞋作为一种产品而存在的原因：没有运动，就没有运动鞋。运动实践创造了设计师和制造者思考的需求，并通过应用新的和现有的技术、材料和设计来满足这些需求。草地网球选手需要轻便、舒适的鞋子，能够抓住滑滑的草地球场。篮球运动员需要鞋子来支撑脚踝，防止他们在木制的体育馆地板上扭伤。20世纪60年代和70年代，不同运动的流行，尤其是慢跑，要求不同性能的鞋，这激发了设计师、鞋匠和运动员的创新欲望。随着体育运动的改变，运动鞋也随之改变。人们对运动的兴趣爆发，刺激了对这类鞋的需求；随着越来越多的人从事各种类型的运动，运动鞋（以及其他类型的运动服装和设备）市场的增长，以及为了满足扩大的需求。制造商认为，他们的产品将如何在运动中使用决定了他们的设计。

在这一时期，体育和流行时尚之间有相当大的相互作用。正因为如此，运动鞋一直承载着丰富的文化联系。一开始，这些都是基于与体育相关的价值观：年轻、健康、非正式、现代、财富、成功。但随着运动鞋变得越来越普遍，被穿在更广泛的环境中，它们变得越来越具有象征意义。然而，运动鞋所承载的文化联系并不总是在当下就显现出来，也绝不是普遍存在的。它们对一群人意味着一件事，对另一群人又意味着另一件事。它们是如何被消费者想象和重新想象的，并反馈到设计、销售和消费的过程中，从而塑造了未来的鞋子是一件很值得思考的事情。

运动鞋已经存在了150多年。在这段时间里，它被世界各地数以百万计的人穿着。运动鞋已经被用于无数的运动，其中许多运动鞋已经远离了运动场地。它们的无处不在表明了现代生活方式中运动、休闲和体育娱乐的中心地位。然而，伴随着工业休闲和消费文化新模式的发展，它们也具有了新的身份，它们无尽的多样性让它们以无限的方式被人欣赏。作为一种工业制品，运动鞋展现了推动现代工业经济的过程。它揭示了生产者的创造力，以及他们运用技术和材料专长来解决物质需求与刺激消费者欲望的能力。它在体育领域之外的扩散

图8.3　带有Boost（助力）鞋底的阿迪达斯NMD系列，2015年

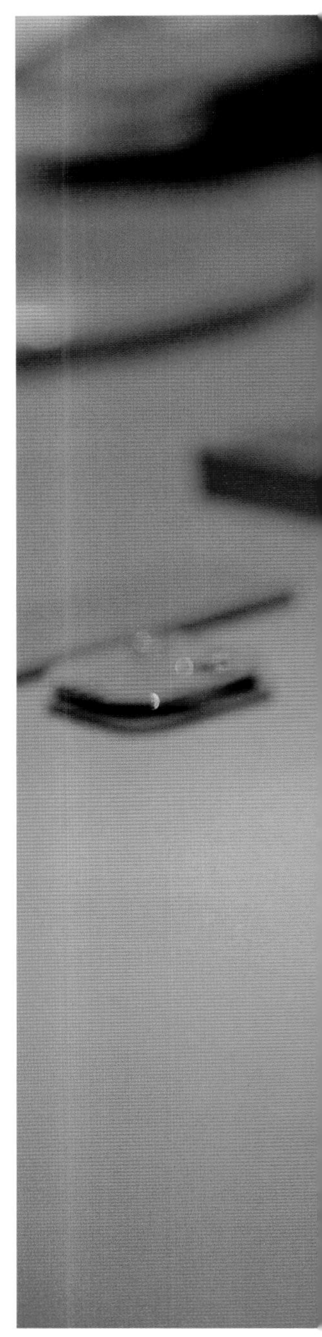

表明，特立独行的生产者和小众群体消费者有能力影响和塑造更广泛的消费趋势和模式。它展示了运动鞋如何融入社会实践中，以及商品如何变得富有象征意义。运动鞋和品牌已经成为年轻、健康、力量、成功、叛逆、顺从、胜利和文化亲和力的复杂象征。然而，它们也只是舒适的鞋子，是休闲运动风格持久吸引力的标志。最初打算在极端环境下使用的鞋子，现在变得如此普遍，用于日常生活中的日常活动，这或许有些奇怪。运动鞋将会变成什么样子，以及我们对这类鞋子的喜爱将会在未来几代人身上得到什么，这都是可以讨论的。可以确定的是，这些鞋子是由现代世界中的所有矛盾性和复杂性所塑造的，并反映出了这些矛盾性和复杂性。

adidas

致谢

The first seeds of this book were sown in 2005, at Birkbeck, University of London, when I wrote about adidas for an MA module on the role of consumers in history. That essay developed into a part-time PhD that was completed in 2013, which in turn grew into a book project. Over such a long period inevitably I received help and assistance from a great many people, all of whom deserve thanks. I am grateful to my PhD supervisors, Marybeth Hamilton and Frank Trentmann, for encouragement and wise commentary, and to my examiners, Frank Mort and Bernhard Rieger, for their thoughts on how my work could be developed. John Green and Tom Miller made it possible to undertake the initial research and writing. Birkbeck provided a travel grant that allowed me to research in the United States. In turning the thesis into a book, John H. Arnold, Gary Cross, and Giorgio Riello provided valuable advice. At Bloomsbury, Hannah Crump, Frances Arnold, and others made it happen. An anonymous reviewer suggested where the text might be improved. The committee of the Isobel Thornley Bequest provided a generous grant towards production costs. Elements of this book appeared first in 'The Production and Consumption of Lawn Tennis Shoes in Late Victorian Britain', *Journal of British Studies* 55, no. 3 (July 2016); 'Transformative improvisation: The creation of the commercial skateboard shoe, 1960–1979' in *Skateboarding: Subcultures, Sites, and Shifts*, edited by Kara-Jane Lombard (Abingdon: Routledge, 2016); and 'German Sports Shoes, Basketball, and Hip Hop: The Consumption and Cultural Significance of the adidas "Superstar", 1966–88', *Sport In History* 35, no. 1 (March 2015). I am grateful to the editors and anonymous reviewers of these earlier pieces for their suggestions on how to sharpen my work. Staff at several libraries and archives provided help with source material. I am especially indebted to: Audrey Snell, Robert McNicol, and Sarah Frandsen at the Kenneth Ritchie Wimbledon Library at the All England Lawn Tennis Club; Rebecca Shawcross at Northampton Museum and Art Gallery; Samuel Smallidge at the Converse archive; and the team at the adidas archive. I also received assistance at London College of Fashion archive, London Metropolitan Archives, the British Library, and the Library of Congress. Other people helped in other ways. John Brolly and Neil Selvey shared their knowledge of trainers and let me borrow from their collections of old marketing materials. Iain Borden shared his collection of rare skateboard magazines and scanned several images. Dave Hewitson provided photographs of Liverpool fans in the 1980s and made some important introductions. Alain Georges gave me material on Nike that he had guarded since studying at Harvard Business School in the 1980s. John Disley, Karl-Heinz Lang, Chris Severn, Ray Tonkel, and Robert Wade-Smith each took time to share personal memories of the sports shoe business with me. Over the course of the project, many people provided other kinds of help, advice, and support. I also enjoyed countless conversations about sports shoes, fashion, consumer culture, pop culture, and history in general that shaped my work. Special mentions therefore need to be made of: Uli Ackermann, Bob and Betty Andretta, Stephen Brogan, Amber Butchart, William Clayton, Jason Coles, Lucy Fulton, Alison Gill, Eleanor Glacken, Tony Glacken, Joe Goddard, Hélène Irving, Graham Johnston, Robert J. Lake, Ruth Lang, Tim Leighton-Boyce, Jan Logemann, Jörg Majer, Helen Musgrove, Kate Nichols, Charles L. Perrin, Matt Powell, Anne Schroell, Elizabeth Semmelhack, Ann Sloboda, Michael Tite, Laura Ugolini, Jean Williams, Daniel C. S. Wilson, and Tom Wright. Deep gratitude goes to my friends, to my parents, and to my sister Emily, who have been a consistent source of support and encouragement through the ups and downs. A final and very special thanks goes to Caroline Stevenson, who missed the start but who made the final stretch much better.

London, July 2018

内 容 提 要

本书从运动鞋近代演变发展入手，带领读者进入一个神奇的旅程：运动鞋是如何从最初维多利亚时代的网球鞋发展到今天的运动鞋，阿迪达斯的巨星款式和耐克Air Max的创新技术又是如何诞生的。同时，作者也向我们展示了当下新的制鞋材料是如何被发现并用于制作鞋子不同部位的过程，以及一些重要人物是如何对鞋品行业的制作、设计、营销、发展产生影响的。

本书是运动鞋收藏家、流行文化历史学家与运动鞋相关知识爱好者的必备读物。

原文书名：The Sports Shoe：A History from Field to Fashion

原作者名：Thomas Turner

著作权合同登记号：图字：01-2023-4348

图书在版编目（CIP）数据

运动鞋：从赛场到时尚的演变史 /（英）托马斯·特纳著；王耀华，周晓童译. --北京：中国纺织出版社有限公司，2024.10

（国际时尚设计丛书．服饰配件）

书名原文：The Sports Shoe：A History from Field to Fashion

ISBN 978-7-5229-1311-7

Ⅰ. ①运… Ⅱ. ①托… ②王… ③周… Ⅲ. ①运动鞋－文化史 Ⅳ. ①TS943.74-09

中国国家版本馆CIP数据核字（2024）第017798号

责任编辑：李春奕　　责任校对：楼旭红　　责任印制：王艳丽

中国纺织出版社有限公司出版发行
地址：北京市朝阳区百子湾东里A407号楼　邮政编码：100124
销售电话：010—67004422　传真：010—87155801
http://www.c-textilep.com
中国纺织出版社天猫旗舰店
官方微博 http://weibo.com/2119887771
北京通天印刷有限责任公司印刷　各地新华书店经销
2024年10月第1版第1次印刷
开本：889×1194　1/16　印张：16.5
字数：256千字　定价：168.00元

FASHION OVER-THE SHOE
keep feet dry and fashion-right
SCRUM
Gola
Speedmoor
Winit
LAWRENCE
SPORTS